不较真

每天都是好日子

项前◎著

中华工商联合出版社

图书在版编目（CIP）数据

不较真 / 项前著. -- 北京 ：中华工商联合出版社，2015. 4

ISBN 978 - 7 - 5158 - 1234 - 2

Ⅰ. ①不… Ⅱ. ①项… Ⅲ. ①人生哲学 - 通俗读物 Ⅳ. ①B821 - 49

中国版本图书馆 CIP 数据核字（2015）第 047027 号

不较真

作　　者：项　前
责任编辑：吕　莺　徐　芳
封面设计：刘丽娜
责任审读：李　征
责任印制：迈致红
出版发行：中华工商联合出版社有限责任公司
印　　刷：唐山富达印务有限公司
版　　次：2015 年 7 月第 1 版
印　　次：2022 年 2 月第 2 次印刷
开　　本：710mm × 1020mm　1/16
字　　数：220 千字
印　　张：15. 75
书　　号：ISBN 978 - 7 - 5158 - 1234 - 2
定　　价：48. 00 元

服务热线：010 - 58301130
销售热线：010 - 58302813
地址邮编：北京市西城区西环广场 A 座
　　　　　19 - 20 层，100044
http：//www. chgslcbs. cn
E-mail：cicap1202@ sina. com（营销中心）
E-mail：gslzbs@ sina. com（总编室）

前 言

人活着是为了什么？有人说为了快乐，有人说为了幸福，有人说为了成功……但肯定没有一个人说活着是为了和自己“较真”的。

人生是否幸福并没有绝对的标准，完全取决于我们内心的要求与对生命的认识和对世界的融合程度。在人生的道路上，我们总会遇到这样或那样的不如意。聪明的人不会将这些不如意装在心中让自己痛苦，他们会从容地走自己所选择的路，做自己喜欢的事，过自己想要的生活，因为任何时候他们都不会和自己“较真”。

其实，人生本应该是随意而愉快的，我们时常遇到的种种不快乐都源于自己，和自己“较真”的人总是觉得世界亏欠他。还有些人一味地强调自己的不幸，于是陷入痛苦的泥潭而难以自拔。但是，如果忘掉不幸、忘掉不快，珍惜眼前所拥有的，那么必将每一天都是好日子，都是快乐的生活。

本书针对许多人平时时常想不开、悟不透的问题或误区，通过大量生动有趣的故事和画龙点睛的评议，启发人们灵活思考，从容面对生活，保持良好心态。同时希望有助于读者能够更深刻地理解和把握人生，彻悟生活中最朴素的一个道理：如果想在未来的人生旅程中走的从容一点，潇洒一点，开朗一点，明智一点，就要随和一点，放松一点，想开一点，现实一点，千万记住别和自己太“较真”，这才是最简单、最智慧的人生。

目　录

第五章 不生气——生气是惩罚自己最致命的武器

第六章 人生不靠运气——赢不在起点，输不在终点

第七章　经常换换心情——也就是换了一种生活

第一章

不较真——“较真”的人生没意义

贪婪伤人又害己

大千世界，五颜六色，纷繁复杂，到处都充满着人们想要得到的东西，到处都闪现着人们忙碌的身影。不可否认，人们都在为“必须”的“身外之物”而努力，被诸多的欲望无形地束缚着。比如，位子是处级还觉得不够，还想升到厅级；房子是三室一厅还嫌不够大，想的是四室一厅甚至别墅；票子光口袋里鼓鼓囊囊还不行，最好子孙三代都无忧；还有戒指不够沉，社会上美好的东西太多……，常言说得好：荣华终是三更梦，富贵如同九月霜。很多时候，人们在“追求”的过程中，时刻都受着攀比、嫉妒、猜忌、悔恨等很多负面情绪的煎熬，于是，一生都在追求着无休无止的虚名、虚荣、虚利。

从前，有一个山民，以采樵为生，日子过得非常的辛苦，仍改变不了自己穷困潦倒的生活。他在佛前也不知烧了多少高香，天天都祈求大运降临，脱离苦海。

不知道真是佛祖慈悲显灵，还是他的诚心感动了上天。一天，他在山坳里竟然挖出了一个一百多斤的大金罗汉！

转眼间，他荣华富贵加身，又是买房又是置地。宾朋亲友一时竟比往日多出好几倍，大家都向他祝贺，目光中充满着羡慕。

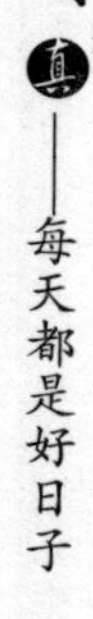

可是，山民只是高兴了几个月，继而犯起愁来，此后，食不知味，卧不安稳。

“我们现在这么大的家产，就是贼偷，也一时半会儿不会被偷光啊！你到底犯啥愁呀？”他老婆劝了几次都没有效果，不由得高声埋怨起来。

“你一个妇道人家哪里知道，怕人偷只是原因之一，”山民叹了口气，说了半句便将脑袋埋在了臂弯里，又变成了一只闷葫芦。好久，才说：“人们常说十八罗汉，既然挖出了一只罗汉，肯定会有其他17个，只是现在哪17个不知在什么地方。试想，要是那17个罗汉全部都被我挖出来归我所有，那我就心满意足了。”

原来，这才是他犯愁的最大原因！

其实，在挖出了一个罗汉后，农夫早已过上了本不敢想象的奢侈生活，可贪心不足蛇吞象，他执着于还没有得到甚至也许根本不存在的另外17个金佛上，无视当下已经很美好的生活。贪心的人，最大的弱点就是得陇望蜀，贪得无厌，心有妄求。其实人生短暂，人所需要的并不多，而过分的追求财富或刻意的敛财虽然会使自己得到快乐，但却失去了人生最根本的意义。

《法华经》上说得好：“诸苦所因，贪欲为本；若灭贪欲，无所依止。”也就是说，人们各种痛苦烦恼的根源其实就是来自自身的贪欲，如果把贪欲问题解决好了，就等于拔除了苦果的根源。可见，“贪”是苦之本，若不先医治好此病，浮沉于“苦海”之中的便是贪婪的人了。

人，缺乏饮食，生命就不能够健康地维持下去；没有夫妻关系，生命就没有办法得到延续。但如果超过了自己能力负荷的，追求没有止境的贪婪，痛苦也就会接踵而来。

人们除了生存的基本需求外，通常在看到美丽的风景、听到美妙的音乐时，总会驻足想多看几眼、多听几声，这都是人之常情。所以，享受美色与音乐，是人本能的反应，并不需要特别厌弃。美丽的景色，就让它自然而然地呈现在面前，只需单纯欣赏它的美丽即可；美妙的音乐，就自然地去聆听，听得欢心，这也是一种心灵的享受。但是如果觉得风景优美、音乐动听，而想占为己有，或者一味沉迷其中，这就是"贪"了。

在东南亚，有一种很特殊的捕捉猴子的方法，即用一只木箱，把一些美味的水果放在里面，在箱子的盖上开一个小洞，其大小刚好够猴子的手伸进去。一旦猴子伸进手去抓住了里面的水果，手就抽不出来了，除非它把手中已经抓到的水果放下。但是大多数猴子都不肯放下手中已经得到的东西，以致当猎人到来的时候，便不费气力地就把猴子一个个捉住了。

这便是猴子不愿"放下"所造成的悲剧。像这些悲剧中的猴子一样不肯"放下"的人的悲剧，在生活中也是很常见的。很多时候人之所以感到痛苦，很大程度上在于自己总是去追求一些已经"拥有了"的或渴望占有的东西。人的心理大多是这样的，别人拥有的，渴望自己也能够拥有；已经得到了的，还想要得到更多。

什么叫贪欲？一旦你的"想要"超过了你的实际"需要"时，

便叫作“贪欲”。人的欲壑始终是难以填满的。所以，在物质方面的少欲知足，常常能够为人们自身营造出一种安定的心境和安全的环境。当然，少欲也并不是说什么都不要，或者不去追求，而是已有的要珍惜，没有的不去做无谓“追求”。人要有知足感，知足不是懈怠懒惰不事生产，而是安于自己能得到的和所能得到的，并且常常有满足感，有能够将自己拥有的分享给他人的意识。

中国古代很多智者贤者，他们安贫乐道，济世利人，同时也是少欲知足者。而贪欲的人，纵使富甲天下，但贪心过大，仍等于是“穷人”；而少欲知足的人，才是无虞匮乏的“富人”。

远离贪欲，便是远离“苦海”，而正确认识自己的实际需求，才会逐渐为自己带来快乐，也才会慢慢体会到简单生活的美好所在。贪为苦本，少欲知足即为快乐之举。

淡化利欲之心，超然物外

人生其实很简单，所需也很有限，但人心在欲望的驱使下，会不停地让自己奔波在“追逐”的路上。所以做人要有淡化利欲之心，有超然物外的胸怀，有几分淡泊的心态，否则，过度的贪欲会让人痛苦不堪。

据说，上帝在创造蜈蚣时，并没有为它造脚，但它可以爬得和蛇一样快。

有一天，它看到羚羊、梅花鹿和其他有脚的动物都跑得比自己还快，心里很不高兴，便羡慕地说：“脚愈多，当然跑得愈快。”于是，它向上帝祷告说：“上帝啊！我希望拥有比其他动物更多的脚。”

上帝答应了蜈蚣的请求。把好多好多的脚放在蜈蚣面前，任凭它自由取用。蜈蚣迫不及待地拿起这些脚，一只一只地往身体上贴去，从头一直贴到尾，直到再也没有地方可贴了，它才依依不舍地停止。蜈蚣心满意足地看着满身是脚的自己，心中暗暗窃喜：“现在我可以像箭一样地飞出去了！”但是，等它开始要跑步时，才发觉自己完全无法控制这些脚。这些脚噼里啪啦地各走各的，它非得全神贯注，才能使一大堆脚不致互相绊跌而顺利地前行。

蜈蚣痛苦起来，但它一点办法也没有，只能后悔当初不该奢求过多，给自己造成极大的负担。

生活的道理也是相同的，如果不奢求华屋美厦，不垂涎山珍海味，不追名逐利，内心充实富有，过一种简朴素净的生活，就能感受到生活的快乐。而这样的生活也才是本色的生活。

“浓肥辛甘非真味，真味只是淡。神奇卓异非至人，至人只是常。”

有“布衣将军”之称的冯玉祥生活就很简单。1934年春，蒋介石派孙科来拜访冯玉祥，冯玉祥以家常饭招待，吃的是馒头、小米粥，以及四样小菜。孙科吃得很香，说：“我在南京吃的是海参鱼翅，却没有冯先生的饭菜香甜。真怪!”怪吗？不怪。因为在懂得生活的人看来，简单才是生活的真味。

睿智的古贤早就指出：“世味浓，不求忙而忙自至。”所谓“世味”，就是尘世生活中为许多人所追求的舒适的物质享受、为人欣羡的社会地位、显赫的名声等。如果能抛弃这样的纷扰，摆脱外界的奴役，官大官小不系于心，有名无名也不在意，钱多钱少更无所谓，穷富得失淡然处之，自己主宰自己，就能永葆心灵的恬静和快乐，超然于物外。

当然，超然于物外不是要求做到“无欲”，而是要看淡各种名利之欲。因为看淡之后，人可生旷达心胸，有了旷达心胸之后，对人生眼界就宽广了。庄子说得好：“我愿意活在沼泽里摇头摆尾，自由自在；而不愿成为君子心池中的一个宠物。”苏东坡说，“我之所以能每时每刻都很快乐，关键在于不受物欲的主宰，而能心游于物外”。

伟大的科学家法拉第，不仅为人类发现了电磁感应，还完成了由磁向电的转化，发现了电解定律和磁致旋光效应。为此，世界各国共授予他 94 个名誉头衔，但他并没有飘飘然，为外物所役，而是坚持着自己的平民作风，简单而快乐地生活着，并只求从自己的工作中获取快乐。

1857 年，英国皇家学会会长班特利勋爵辞职，皇家学会学术委员会一致认为，如果能请德高望重的法拉第教授出来继任会长，那是再理想不过的了。学术委员会派法拉第的好友丁铎尔和几名代表劝说法拉第接受这个职位，因为这是一个英国科学家所能享受的最高荣誉。但法拉第并不追求荣誉。他对丁铎尔说：“我是个普通人，到死我都将是个普普通通的迈克尔·法拉第。现在我来告诉你吧，如果我接受皇家学会希望加在我身上的荣誉，那么我就不能保证自己的诚实和正直，连一年也保证不了。”丁铎尔和代表们失望地走了。

过了几年以后，皇家学院院长诺森伯公爵去世，学院理事会又想请法拉第出来当院长，法拉第又一次拒绝了朋友们的好意。

法拉第在他最后的日子里，辞去了皇家学院的职务，他的忠诚的妻子陪伴在他的身边，四只苍老的手常常握在一起，满眼都是笑意，他感谢她：她为自己付出了终生的辛劳，她陪伴他度过了他一生中最艰难的时刻，他们的爱情像一颗燃烧的金刚石，持续不断地发出白炽无烟的耀眼的光华长达 46 年之久。他们结合的深度和力

量，法拉第认为其重要性“远远超过其他事情”。法拉第认为他的一生活得十分有意义，当他将要离开世界时，他对人生已不再留恋，但是不放心他的妻子，因为他认为自己没有给妻子留下多少财产，又怕将来没有人照顾她。

中国古代文人中也不乏这样有气节、有风骨的人。

田园诗人中陶渊明因被生活所迫，不得已而为仕。他曾当过江州祭酒，但不久便自动辞职回家种田。随后，州里又请他去做主簿，他不愿意接受。到了40岁，他为了解决家里的生活困难，又到刘裕手下做了镇军参军，41岁时，转为彭泽县令，但只做了80多天，便辞职回家。从此以后，他再也不愿意出来做官了，而只愿亲自种田来养家糊口，过着一种十分清淡贫穷的日子。

陶渊明辞官回家以后，仿佛从一个乌烟瘴气的地方突然来到了空气清新的花园，他心情畅快、惬意极了。他写了一首辞赋，题目叫《归去来辞》，以表达自己厌恶官场、向往自由生活的心情。他带着老婆、孩子一直过着耕田而食、纺纱而衣的田园生活。平时只要有空闲，他就写诗作文，以寄托自己的思想感情。后来，成为晋朝一位杰出的诗人。

刘禹锡更是一位不低头折腰侍卫权贵的君子。

永贞元年的时候，刚刚即位的唐顺宗任用王叔文进行社会改革，引起了宦官反对，迫使顺宗退位，拥其长子李纯为宪宗，并贬逐王叔文。刘禹锡因为与改革派合作，也被贬。10年后，由于当朝宰相赏识他的才干，才将他召回长安。

刘禹锡回长安以后不久，就听说长安朱雀街旁崇业坊有一座玄都观。观内道士种植许多桃树，桃花盛开如云霞，于是便去观赏，并写诗一首《元和十年自朗州承召至京戏赠看花诸君子》：紫陌红尘拂面来，无人不道看花回。玄都观里桃千树，尽是刘郎去后栽。

诗题中的诸君子，指的是和刘禹锡一起被贬又同时被召回长安的朋友柳宗元、韩泰、陈谏等人，字面的意思是：长安大街上车马扬起的飞尘扑面而来，没有人不是说刚看完花回来，玄都观里的上千棵桃树都是刘禹锡贬官出长安后栽种的啊！但是，我们从“戏赠”的“戏”字中可以看出，这首诗是有另一层含意的，诗的后两句是讽刺当朝众多的现任官吏，说他们都是诗人遭贬后被提拔出的谄媚之臣。看到这首诗后，权贵们当然恼火了，于是再一次上书皇上把刘禹锡贬到播州。当时，播州属于最偏远荒僻的地区，可见权贵们对他的怨恨有多深。后来，因为朋友柳宗元、裴度的帮忙，加上他有年老的母亲，才改任连州刺史。

14 年以后，由于裴度向文宗推荐，刘禹锡才又被召回长安，任主客郎中官职。当年 3 月，刘禹锡又一次到玄都观来，但此时的景象已和 14 年前不同了。满院云霞般的桃树已荡然无存，只有兔葵、燕麦在春风中摇动。刘禹锡想到自己两次被贬又两次被召回的经历，不由得感慨万千，于是写诗抒怀：百亩庭中半是苔，桃花净尽菜花开。种桃道士今何处？前度刘郎今又来。这首诗深层次的意思是诗人感叹“一朝天子一朝臣”的时局变换如此莫测，那些一度得宠不可一世的权臣们都垮台了，坚持正义的“刘郎”们又回来了。

可见，争名逐利都不过是过眼云烟，只有正直、不为权贵所掳的人才能笑到最后。

是的，在任何时候，任何环境中，人都要为自己的心灵找一方净土，学会克制自己的欲望，做个不为名不为利的正直之人，才能让心灵平静、淡然。

不要把名利看得太重

“世人都说神仙好，唯有功名忘不了”。在人生的旅途上，人们对于功名从来都有着火热的追求。

古代南朝的中书令王僧达，从小聪明伶俐。孝武帝即位时，他被提拔为仆射，位居孝武帝的两个心腹大臣之上。王僧达也因此更加自负，以为自己在当朝大臣中，无人能及。尽管他在朝时间不长，却开始觊觎宰相的位置，并时时流露出这一情绪。谁知，事与愿违，就在他踌躇满志之时，却被降职为护军。此时，他仍没有醒悟，依旧惦记着做官，并多次请求到外地任职。他的行为惹怒了皇上，他被削职。削职后，他因羞成怒，对朝政看不顺眼，所上奏折，言辞激昂，后被人诬为串通谋反以赐死为结局。

王僧达的死，究其原因在于其不知足。因为，按照他的年龄、资历，没几年就升到仆射一职，已属不易了。可他竟想入非非，以为“一人之下，万人之上”的宰相非他莫属了。岂料，事情的发展有许多是不以人的意志为转移的。于是，一个“筋斗”使他从云雾中翻落了下来，真正遭到了灭顶之灾。可以这样说，是追名逐利的贪心葬送了王僧达的性命。

莎士比亚说：“名誉不过是葬礼时的点缀而已。”功名就像是一副用花环编制的罗网，只要你进去了，你就无法自在与逍遥。只有放下名利之心，人才能得到真正的自由。

有人说：虚荣如同建筑在沙洲上的大厦。看着坚固，实则虚空。现实中，很多没有功名的人对功名心心念念，待得到以后又害怕它会化为泡影，总是时时处处都小心维护着。宝贵的人生就在这患得患失中悄然度过了，又何谈有时间去体验人世间的甘美滋味？

其实很大程度上，名利乃身外之物。为名利惺惺作态，斤斤计较，结果只能是一场空。人世间有许多虚浮的事，大多皆因名利。一时的虚名虽然能给人带来一时的心理满足感，但它却是人世间各种矛盾、各种冲突的重要起因，是人生中诸多烦恼、愁苦痛怨的根源所在。所以，虚名本身毫无意义和价值，这样华而不实的东西，弃之又有何可惜呢？

在主张“至誉无誉”的庄子看来，最大的荣誉就是没有荣誉。人只有把那些所谓的荣誉看淡看轻，才能活得真实，而追求荣誉，一定不能短视，依靠各种卑劣手段。要以光明正大的努力获得，得到后要正确对待荣誉，区别荣誉与贪欲。

新加坡女作家尤今出过几十本书，作品风靡新加坡及中国大陆。人们难以想象这位担任教师之职，又有三个孩子的女子，怎么会有如此旺盛的精力和充裕的时间。她平时不看电影，也不看电视，不去购物中心逛，不去俱乐部玩，不应酬，不串门。每天一下班，她就立即回家，将自己整个地“囚禁”起来，开始她的精神漫游。她说：“一入家门，我便把我自己变成一只蜘蛛。文字是丝，我以丝织网。勤奋地织，苦心地织。一种快乐绝顶的感觉，在编织的过程中，绝不粗制滥造。我以我的耐性、我的韧性，将千条万缕的细丝，织成疏密有致的网；然后，我再以我的感情、我的经验，为雏形初具的网设计独特的图案。”

可见对于专注于自己喜爱的事业的人来说，他们不会被外在的名利困扰，而是在自己的生活中寻找成功的乐趣。当然并不是所有的人都具有这样的智慧。

一位功成名就的作家出名之后，总是感觉忙碌得不亦乐乎，又感到生活很累，便去请教自己的老师。

作家向老师问道：“我为何自从出名后就觉得工作越来越忙，生活越来越累呢?”

老师问道：“你每天都在忙些什么呢?”

作家如实回答道：“我一天到晚交际应酬，要演说演讲，要接受各种媒体的采访，同时还要写作。唉！我活得太累太苦了。”

老师突然打开衣柜，对作家说：“我这一辈子买了不少华美的衣服，你将这些华美的衣服都穿在身上，就能从中找到答案。”

作家说：“我穿着自己身上这身衣服就足够了。现在您要我将这些你的所有衣服都穿在身上，我会感到很沉重的，我肯定会极不舒服的。”

老师说：“这个道理你懂啊，那你为何还要来问我呢?”

作家一脸迷惑，老师说道：“你不是已经知道——你穿着自己身

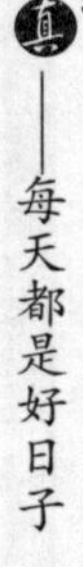

上的衣服就已足够了吗，即使再给你穿上更多华美的衣服，你也会感到很沉重的，你也会觉得不舒服的。那你难道还不明白——你是一个作家，你并非是一个交际家，也不是一个演说家，更不是一个政治家，你为何要去扮演交际家、演说家、政治家的多种角色呢？你为何要去做交际家、演说家、政治家的事呢？你这不是自找苦吃、自找罪受吗?”作家恍然大悟。

弘一法师指出：“真正的修为，是一种深藏不露的涵养，而不是到处招摇的吹嘘。与其争得虚幻的名声，不如踏踏实实地练好内功。”他常念这样一首诗偈：“篱菊数茎随上下，无心整理任他黄。后先不与时花竞，自吐霜中一段香。”即说，菊花不与时花争奇斗艳，菊花犹如修道之人，道业成就，即像花中自吐霜中所带的一段香气，与人无争，与世无求。所以，真正修道人目标只有一个，求生净土，其他均非所要。发心学道，如道业有成，只可自己知道，不必向人家去说，说了他人未必信，反而生毁谤。

弘一法师的话与中国历代君子追求的“不为轩冕肆志，不为穷约赴俗，其乐彼与此同，故无忧而已矣”的境界相同，就是说不追求高官厚爵的人，不会因为得到高官厚禄而喜不自禁，不会因为前途无望、穷困贫乏而随波逐流，趋势媚俗，因为他们有正确的理想信念，有正确的追求。

计较：是心灵的地狱

人生在世，但凡是个正常的人，多多少少都会计较得失，这是人们因心理虚荣而表现出来的一种正常的心理活动，只要在一定的范围内都是可以允许的。但如果经常的陷入“计较”中，不自觉地将自己与周围环境中的各色人物进行比较，看到在某些方面能够略胜自己一筹的人便在那儿生闷气，就是一种心理障碍。

虽然我们总希望自己什么事情都能够完美，都能够称自己的心，如自己的意，但其实那只是美好的愿望，现实生活中总会有不尽人意的时候，所以很多事情根本不值得计较，否则我们就是自寻烦恼。

早晨 5 点，悦净大师出去为自己庙里的葡萄园雇民工。

一个小伙子争着跑了过来。悦净大师与小伙子议定一天工钱 10 块钱，就派小伙子干活去了。

7 点的时候，悦净大师又出去雇了个中年男人，并对他说：“你也到我的葡萄园里去干活吧！一天我给你 10 块钱。”中年男人就去了。

9 点和 11 点的时候，悦净大师又同样雇来了一个年轻妇女和一个中年妇女。

下午3点的时候，悦净大师又出去，看见一个老头站在那里，就对老头说："为什么你站在这里？"老头对他说："我已经站了一整天，但没有人雇我。"悦净大师说："你也到我的葡萄园里去干活吧！"

到了晚上，悦净大师对他的弟子说："你叫所有的雇工来，我分给他们工资，由最后的开始，直到最先的。"

老头首先领了10块钱。最先被雇的小伙子心想：老头下午才来，都挣10块钱，我起码能挣40块钱。可是，轮到他的时候，也是10块钱。

小伙子立即就抱怨悦净大师，说："最后雇的老头，不过工作了几个小时，而你竟把他与干了整整一天的我同等看待，这公平吗？"

悦净大师说："施主！我并没有亏待你，事先我不是和你说好了一天10块钱吗？拿你的钱走吧！我愿意给这最后来的和你的一样多。难道你不许我拿自己的财物，以我所愿意的方式花吗？或是因为我对别人好，你就眼红吗？"

悦净大师的话揭示了一个道理，计较是没有任何意义的。如果我们每个人都想快乐的生活，就不要总是与别人比较，更不要计较什么公平不公平，这样，你在生活中就会有平等心和满足感，就会减少许多痛苦和烦恼。

《菜根谭》中写道："天地中万物，人伦中万情，世界中万事，以俗眼观，纷纷各异，以道眼观，种种是常，何须分别，何须取舍！"意思是说：天地间的万物，人与人之间的错综复杂的感情，以及世界上不断发生的种种事情，如果用世俗眼光去观察，就会感到变幻不定，令人头昏目眩；如果用超世俗的眼光去观察，就会发现，事物的本质是永恒不变的。可见，不论对人对物或对事，要能以大公无私的平等态度去对待，千万不要有计较之心。

慧远大师结舍于庐山，时值东晋南北朝的战乱之时。庐循占据江州，雄霸一方，宋武帝刘裕几次降诏招抚，庐循都不肯从命。一场战争势所不免。而那庐循虽然身为国寇，对慧远大师却是礼敬有加，前后多次入庐山拜访。原来，庐循的父亲庐遐年少时曾与慧远为同学，同窗学艺，交情也非同一般。庐循既视慧远为父执长辈，又久慕慧远的佛学声名，因此执礼甚恭，常入山问候慧远的起居。

然而，慧远与庐循的来往却引起了弟子们的担心。他们劝谏说："师父啊，你千万不要再与庐循交往了。你想，庐循身为国寇，早就引起宋武帝的痛恨，被视为眼中钉、肉中刺。卢循迟早为武帝所灭，你与庐循交往，难道不怕别人疑心于你吗？"

慧远回答："你们的佛法是怎么学的，连这点道理也不懂？佛法中情无取舍，随遇而安，对人也不能以其尊卑贵贱而略有差别。卢循虽为国寇，对我来说却只是佛子一位，哪里是什么国寇了？对此，知道我的人自会明白，我有什么好怕的！"

弟子赧颜而退。慧远遂与卢循继续往来，每次相见，必是欢笑尽兴而毕。

后来，宋武帝果然出兵讨伐庐循，路过庐山，左右进谏说："慧远在庐山，与庐循交情深厚，过从甚密。我们是否要把慧远给抓起来？"

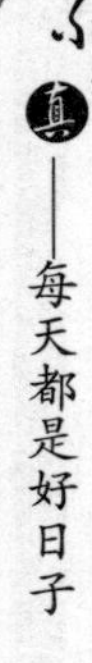

宋武帝说："慧远出家之人，情无取舍，他与庐循往来是佛法的本分，有什么可疑的?"不但不抓，反而差人送信问候。

可见，只有把自己放在与别人平等的地位，才可能保持平和的心态。

从前，有两人决定一起到遥远的圣山朝圣。两人一路风尘仆仆，誓言不达圣山朝拜，绝不返家。

两人走啊走，走了两个多星期之后，遇见一位白发年长的圣者。圣者看到这两人千里迢迢要前往圣山朝圣，十分感动，于是说："从这里距圣山还有十天的脚程，但是很遗憾，我在这十字路口就要和你们分别了。在分别前，我要送给你们一个礼物!""什么礼物呢?"两人兴奋地问。就是你们当中一个先许愿，他的愿望一定会马上实现，而第二个人，就可以得到那愿望的两倍!"

此时，其中一人想："这太棒了，我已经知道我想要许什么愿了，但我不能先讲，因为如果我先许愿，我就吃亏了，让他先许吧，这样可以有双倍的愿望实现。而另外一人也自忖："我怎么可以先讲，让我的同行者获得双倍的愿望实现呢?"

于是，两人开始客气起来，"你先讲嘛!""你比较年长，你先许愿吧!""不，应该你先许愿!"两个人彼此推来推去，"客套地"推辞一番后，开始不耐烦起来，语气也变了："你干吗!你先讲啊!""为什么我先讲?我才不要呢!"

两个人推到最后，其中一人生气了，大声说道："喂，你真是个不识相、不知好歹的人，你再不许愿的话，我就把你的狗腿打断，把你掐死!"

另一人一听，他的朋友居然变脸，还恐吓自己！于是想，你这么无情无义，我也不必对你太有情有义！我没办法得到的东西，你也休想得到！于是，这人干脆把心一横，狠心地说道："好，我先许愿！我希望——我的一只眼睛——瞎掉!"

很快地，许愿者的一个眼睛瞎掉了，而与他同行的好朋友两个眼睛也都瞎了!

这个故事发人深省。原本可以使两位朋友共同受益的机会，就因为彼此之间的计较，使"祝福"变成"诅咒"；使"好友"变成"仇敌"，更让原本可以"双赢"的事，变成了"双输"!

生活是一个合作的舞台，而不是角斗场，所以我们一定要明白，为了更好地生活，我们需要的是宽容与和睦，而不是势不两立地争斗和计较。让我们再来看一看弘一法师在这方面为我们做出的榜样。

1932 年，弘一法师受青莲寺住持诚心大师邀请，到庐山休养疗病。一天，居士陈三立领着一位老汉来访。三立老人说："今天有一件事烦劳大师……"原来，这位杨老汉在英国牧师约翰逊处做佣人。他女儿杨念，聪明漂亮，伶俐淑贞，在金陵大学读书。因身体不适现在家休养，被约翰逊看见，便主动提出要聘任她担任儿子的家庭教师。约翰逊的儿子当时只有十几岁，小时患过脑膜炎，有点智力障碍。杨念了解情况后，一口答应下来，一则可减轻家庭负担，二则借机锻炼自己。

岂知，这纨绔子弟对男女间的事一点也不笨。对杨念垂涎三尺！一天，乘家没人，他竟欲对杨念施暴。杨念拼命挣扎，挣脱魔爪而逃。那家伙穷追不舍，不慎跌下坡坎，脊椎骨折，高位截瘫。

蛮不讲理的约翰逊反迁怒于杨念，提出要杨念嫁给他儿子服侍终生，否则就告到法院判刑。真是黑白颠倒！消息传出，地方哗然，山民们纷纷打抱不平，支持杨家打官司。然而庐山牯岭法庭迫于洋人淫威，竟判杨老汉败诉；又告到九江法院，仍然败诉！现在摆在杨念面前的，一是坐二十年大牢，二是嫁给那个废人。杨老汉无奈之际，想到了一贯匡扶正义、乐善好施的弘一大师。便和三立老人一道，来青莲寺当面恳请大师相助。

法师一听，深表震惊："人间竟有这等不平之事！普度众生，救人危难，佛门更是责无旁贷。贫僧不会袖手旁观。"

第二天一早，有人在寺外求见。法师出来一看，是一位端庄秀丽的姑娘。姑娘跪拜行礼，恭恭敬敬地说："小女子杨念拜见法师。"

弘一法师双手合掌："阿弥陀佛，你的冤情老衲已知，我一定会尽力为你解难。"

不料，杨念长跪不起："小女子拜见法师，不是为了这个。而是恳求法师劝阻家父别再和约翰逊抗衡，小女子情愿嫁给洋人。"

法师沉思片刻，说："有话请到寺内细谈。"

弘一法师见姑娘眼含泪水，似有苦衷，便说："老衲听闻此事，义愤填膺，却不知姑娘缘何做出此亲痛仇快的决定？"

杨念忍不住泪水夺眶而出："我之冤屈，人人皆知，可哪里有说理的地方？从官员到百姓，无不任洋人欺凌。就是打赢官司，又能有什么前途？嫁给洋人虽也等于是终生坐牢，但若判入狱，老父靠谁安度晚年？法师的恩德，小女子感激不尽，只是无有报答。此事绝不敢再相烦法师，还请法师原谅。”说完，深鞠一躬，转身离去。

中午，法师来到杨老汉暂住处。刚到门口，便听到激烈的争吵声。

“弘一法师已答应帮忙，这是天大的面子，你去拒绝，你丢脸，我却丢不起！”“爹！女儿心里明白，官司是一败再败，最后如果连法师面子也丢了，我们不都成了更大的罪人吗？对社会我已不抱什么希望。就说法师，才华横溢，又是世家子弟，为什么还要遁入空门？”

法师听到这里，心中一阵痛楚。转身回到青莲寺，备银针、笔砚，要刺血书写《华严经》。众人立即禀告诚心法师，诚心法师马上过来劝阻年过半百身体多病的法师。

弘一法师平淡地说：“我这样做也是迫不得已，是以此感化杨念。她一天不改变，我就一天不停地刺血写经。”说完，他将针刺入左食指。鲜血一滴滴落入砚中。诚心法师见状，吓得脸色剧变，忙着去找杨老汉。

杨家父女听了不知所措，知道闯了大祸，马上来到青莲寺。父女俩双双跪倒在弘一法师面前，杨念边磕头边说：“罪该万死，愿听法师教诲，请法师停笔！”

弘一法师扶起父女俩，对杨念说："你能回心转意，老衲甚感欣慰。现在我们商量一下吧。"

弘一法师联合庐山地方名流，联名向牯岭法庭严正交涉，为杨念伸张正义。法师德高望重，声名远播，此次领众出面申冤，迫使法庭不得不慎重对待。五天后，牯岭法庭的汪庭长亲自来到青莲寺，委婉地对法师说："庐山洋人势力大，实难对付。如果九江法院能支持，可能会有些转机。"第三天，法师下山，亲自去九江法院交涉。这次法院终于暴露出对洋人的奴颜媚骨。几天后，法院通知，此案特殊，仍由牯岭法庭妥善处理。一天夜里，牯岭汪庭长悄悄找到法师："法庭已接到九江法院的指令，不准更改判决，以免和洋人闹僵。眼下只有一个办法，国舅宋子文的岳父张谋之在庐山，他是庐山人，谁敢得罪？如果法师能屈尊请他出面，则胜券在握。"

弘一法师眉头紧锁。法师出家前，因目睹官场的腐败与黑暗，曾立誓不与官场往来。汪庭长深知法师所虑："法师气节令人感佩。但杨念一案除此别无良谋。出家人慈悲为怀，还望法师慎思。"说完，他告辞而去。

这一夜，法师深思良久，最后长叹一声，决定去见张谋之。后由张谋之出面，杨念一案重新审理，判约翰逊公子强奸未遂，杨念无罪。再后来，杨念读完大学，出国留学。

弘一法师本是一个把维护面子和顾全个人的名声看得极为重要的人，他一生谨慎，严以律己。但是，为了帮助别人，他并不计较他人的蛮横无理和自己所受的委屈，把个人的得失荣辱统统抛在了脑后，这才是真正的仁心智者。

一个人如果能以忍辱负重的心胸去处世，以慈悲情怀去对待人与事，那社会就会和谐，生活就会更加美好。

简单的生命不奢求太多

生活其实是很公平的，但很多人认为不公平，尤其在名利钱财面前。

曾有一位行者，到某一座寺庙中拜谒在这里修行的禅师，希望禅师能够为他解开心中堆积已久的疑惑。

行者问道："禅师啊，人的欲望到底是什么呢？"

禅师看了行者一眼，说道："这样吧，你先回去，明天中午的时候再来，记住来之前的这段时间不要吃饭，也不要喝水。"

尽管行者并不明白禅师此举的用意，但依然照办了。第二天中午，他又一次来到这位禅师面前。

"现在的你，是不是感觉到饥肠辘辘、饥渴难耐？"禅师关切地问道。

"是的，我现在饿得可以吃下一头牛，渴得可以喝下一池水。"行者舔着干裂的嘴唇幽默地回答道。

禅师笑了笑："那你现在就随我来吧。"

两个人走了非常长的一段路后，来到了一片果林前。禅师递给行者一只很大的口袋，说："你现在可以到这片果林里尽情地去采摘鲜

美诱人的水果，但是必须要把它们带回寺庙后才可以享用。”说完便转身离开了。

太阳快要落山的时候，行者终于肩扛着满满的一袋水果，步履蹒跚、汗流浃背地走到了禅师前。

“现在你可以尽情地享用这些美味了。”禅师说道。

行者迫不及待地伸手抓了两个很大的苹果，便开始狼吞虎咽地啃了起来。顷刻间，两个大大的苹果便被他吃得干干净净。行者抚摸着自己已经鼓胀的肚子，一脸疑惑地望着禅师。

“你现在还感到饥渴吗?”禅师问道。

“不，我现在什么也吃不下了。”

“那么这些你辛辛苦苦背回来但却没有被你吃掉的新鲜水果又有什么用呢?”禅师指着那剩下的几乎是满满一袋的水果问道。

行者突然恍然大悟。

故事中这位行者的行为已经很明确地告诉了我们，其实，对于我们每个人来说，很多时候真正需要的仅仅只是两个够充饥的“苹果”而已，而那些剩余的“欲望”，拥有就是浪费。

很多人常常感叹自己活得累，抱怨上天对自己不公平，这其实是由于奢求的太多，不断地给自己增加各种负担结果所至，如果能本着“够”的心理，以“事事忙忙似水流，休将名利挂心头，粗茶淡饭随缘过，富贵荣华莫强求”的心态对待物质欲、名利欲，就会安然自在，因为简单的生命其实需要的并不很多。

一般来说，人的需求有两种，一种是“需要”，一种是“想要”。

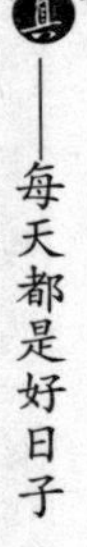

但是，人们常常不但不知道自己到底需要多少，而且很难把握“需要”和“想要”之间的度，总是感觉自己“想要”的还不够，还没有得到满足，所以常常陷入无休无止的追逐欲望中无法自拔。

一个富翁背着许多金银财宝，到远方去寻找快乐。可是走过了千山万水，也未能寻找到快乐，于是他沮丧地坐在山道旁。一农夫背着一大捆柴草从山上走下来，富翁问：“我是个令人羡慕的富翁。请问，为何没有快乐呢？”

农夫放下沉甸甸的柴草，舒心地揩着汗水：“快乐很简单，放下就是快乐呀！”

富翁顿时开悟：自己背负那么重的珠宝，老怕别人抢，总怕别人暗害，整日忧心忡忡，快乐从何而来？富翁跟随农夫去了村里，将金银珠宝散给了村民，而他住在村子里也体味到了真正的快乐。

不可否认，谁都会有欲望，关键在于如何把握，如何适时自控。有时候欲望的一半是天使，另一半却是恶魔，而做人的学问其实就是如何驾驭“欲望”这匹烈马。若一念之欲不能制，众多贪欲就会流于滔天，所以人驾驭不了自己的欲望，就会一步步走向灾难。

一位学僧向一位老禅师问道：“世上最可怕的是什么？”

老禅师说：“就是人的欲望。”

学僧摇了摇头，一脸的困惑与不解。

老禅师接着说道：“这样吧，我给你讲一个故事：从前，有一位商人想要购买一块土地养老。听说一位财主要卖地，他便决定去财主那里打听一下。当他赶到那个地方，向财主打探道：‘你的这块土地如何卖呢?’财主说:‘只要交上10两银子,然后给你一天时间,从太阳升起的时候算起,直到太阳落山,你能用步子圈出此地的多大地方,那些地便归你所有。但是如果你回不到起点的话,你将得不到任何一寸土地。’商人自言自语道:‘如果我在这天辛苦一下,多走一些路,岂不是能够圈出很大一块土地?这生意实在太划算了!’于是便不假思索地与财主签订了合约。

“第二天,当太阳刚刚露出地平线的时候,他便开始了一天的买地征程。到了中午,当他回头观望时,已看不到出发的地方。于是,他才不甘情愿地转弯,一刻不停地向来的地方疾走着,心里暗想:辛苦这一天并不算什么,以后就能享受到无限的欢悦了……但是贪心的商人看到太阳即将下山,刹那间他的心里十分着急,因为如果他赶不到起点的话,就意味着他将得不到方寸土地。此时,他加快脚步向起点赶去。结果,就在离起点只有几步之遥的时候,他却由于筋疲力尽而倒在了地上,而当他倒下时,伸着的手刚好接触到起点的那条线。虽然,按照与财主签订的合约那块土地最终归他所有,然而,对于生命即将结束的他而言,拥有那片偌大的土地还有什么意义呢?’”

老禅师讲完后,看着学僧。又说:“这个故事说明,对于利益,如果贪得无厌,得到了这样又想要那样,最终也许什么也得不到。”

古人曰:“求名之心过盛必作伪,利欲之心过剩则偏执。”在某种程度上,虽然有时候欲望可以促进一个人的发展,但过度强烈的欲望却只会给自己酿成痛苦与不幸。

曾有一个多才多艺的年轻人,但他真正的学业却一直没有太大的进步。于是便去请求老师为他指点迷津。

老师见到他后，什么也没有说，请他大吃了一顿。桌子上摆满了不同花样的菜，大多数是这个年轻人所未曾见过的。开始吃菜时，年轻人挥动着筷子，想要尝尽每一道菜。但当用餐结束后，他发现自己吃得太饱了。

老师问道："你吃的都是些什么味道？"

年轻人摸了摸自己鼓鼓的肚子，非常为难地说："各种滋味，难以分辨，唯有撑胀感。"

老师又问：仅仅撑胀吗？"

年轻人答道："不，已相当地痛苦。"

老师笑了笑，没有说任何话。

第二天，老师邀他一同登山。当他们爬到半山腰时，便发现那里有许多晶莹稀奇的小石头。年轻人甚感庆幸，于是边走边把自己喜欢的石头放在口袋中。很快口袋就变得满满的了，直到他已经觉得石头太沉，影响他走道了，但他又舍不得丢掉那些石头。

此时，老师便说道："该扔了，像你这样又怎么能登到山顶呢？"年轻人望着山的顶端，顿时彻悟，立即抛下了石头，轻盈地登向山峰。

下山后，年轻人拜别老师，几年后终于事业有成，成为一位有真才实学的人。

人生的旅途，就如这位年轻人吃菜、登山，菜太多，吃下去会撑胀；山路上有太多美好的东西，让人喜爱，但如果喜爱就想据为己有，那么就会拥有得越来越多，最终导致自己因此不堪重负。俗话说：“养心莫善于寡欲”。在这个世界上着实有着太多的诱惑吸引人，所以，人一定要时刻保持清醒的心态，克制自己过高的欲望，认识知足常乐的意义，正确对待人生的各种诱惑。

弘一法师圆寂前，曾寄给相交30多年的老友夏丏尊先生一封信。信很简单：

“丏尊居士：

朽人已于九月初四迁化。现在附上偈言一首，附录于后：

君子之交，其淡如水；执象而求，咫尺千里。问余何适，廓而忘言；华枝春满，天晴月圆。”

这封信的大意是说：君子之间的交往，应当像清水一样透明和恬淡；如果执着于表面现象去追求真理，可能会与之近在咫尺却又如千里之隔；所以你若问我的追求和归宿，我已经忘记应该如何回答了；因为展现在我面前的，是春色满天下、万里长空月儿圆的无限风光！

弘一法师以其一生简单的生活诠释了置诱惑于身外，限欲望于底线的内涵。

人生最大的敌人就是自己

作家爱默生说："坐在舒适软垫上的人容易睡去。"就是告诫我们人是有惰性的，如果我们一味地放任自己，就容易贪图安逸而不思进取。生活中，甘于舒适生活的思想限制了很多人的发展。

35 岁的马克才能甚至超过他的老板，但是多年来他仍然一直是个普通的职员，因为他始终抱着一种不思上进的生活目的。虽然朋友多次鼓励他自己创业，暗示他可以做得比他老板更好，但他却说："我为什么要去做更大的生意呢？我为什么要去承担更多的责任呢？创业是需要花费心血的呀！"

不错，一个人职位越高，他所承担的责任也就越大。但是，能充分发挥自己的全部才智、激励自己不断奋进、利用自己所有的机会和禀赋完成肩负的使命，是会让人得到一种前所未有的自豪感的。即使要付出艰辛的努力与代价，承担天大的责任和风险，也是值得的。

老子曾经说过："胜人者力，胜己者强。"就是说，人生中最大的敌人不是别人，而是我们自己能否战胜自己。

有一个小故事：

新寺院落成后，老和尚告诫小和尚，要自己动手塑佛像。

小和尚请教老和尚，是否找个佛像来照着塑。

老和尚说：“不，照着你自己的模样塑就行。”

小和尚大吃一惊，然后说：“照师傅的可以，我的模样就算了吧。”

老和尚笑道：“我照你塑，你照我塑都可。”

小和尚不解。

老和尚又道：“心表如一，言行一致地把自己当成佛，塑成佛，自己就成了名正言顺、心安理得的佛。其实，世上无论哪尊佛，当初也都是普普通通的人，他们都是由于用心修行才逐步把自己塑造成佛的。同样，我们每个人也都可以战胜自己、重新塑造自己的命运，所以要‘不慕他佛，塑照自身’”。

所以如果想改变自己的命运，只有战胜自己，依靠自己，才能取得成就。

有一个人由于生意失败，从一个一掷千金的大商人，变成一个家徒四壁的穷光蛋。在经历了破产的遭遇后，他深切地体会到生活的冷酷无情，他心灰意冷，萌生了结束生命的想法。商人准备回到承载着他童年美好时光的乡间小镇。

在回家的途中，他经过一片瓜地，坐在旁边小憩片刻。此时正是丰收的时节，空气里充盈着香甜的味道。好客的瓜农看到风尘仆仆的商人，豪爽地请他品尝地里的瓜。

瓜农开始喋喋不休地对他讲述，前几年收成如何不好，总是遇到天灾虫祸，甚至突如其来的一场霜冻，让即将收获的成果毁于一旦，

一年的辛勤劳作全都白费了。

商人感到有些意外，他脱口而出："收成不好你怎么活下去，赚不到钱耕种还有什么意义呢?"

憨厚的果农咧嘴一笑："再怎么艰难不都这样挺过来了，你看，今年不是丰收了么，而且正是之前的歉收，才让这次丰收显得更有意义。"果农看着这个心事重重的商人，意味深长地继续说道："所有的经历都是有意义的，只要你不放弃，继续依靠自己的双手。"

果农的一席话似一阵风吹走了商人心头的灰尘，让他顿时醍醐灌顶。商人即刻返回城市，决定重新来过，5年后他的事业获得了极大的成功，他又成了行业内呼风唤雨的人物。

可见，面对生活中种种苦难的鞭策，面对事业上让你痛不欲生的经历，如果你放弃了，那么，失败将和你如影随形；而如果你能够从心灵的痛苦中解脱出来，主动面对并解决各种折磨带给你的问题，认真审视痛苦的根源，那么，你将知道自己会有多强大从而渡过难关。很多能战胜别人的人依靠的是自身表面的力量，但能战胜自我、超越自我的人往往靠的是自己的心智，而这些人才是真正的强者。

世界上每一种生物都具有一种本能，那就是拥有向上的力量，连埋在地里的种子也存在这样的力量。正是这种力量激发它们破土而出，推动它们向上生长，并向世界展示自己的美丽与芬芳。向上的激励也存在于人的体内，它推动人们不断完善自我，追求完美。当然，这种向上的愿望，这种至高无上的力量，也要自我不断"充电"，否则就有可能会消失。

人只有战胜自己的软弱与惰性，才能有幸得到“向上”这种伟大推动力的引导和驱使，才能有所成就；但如果无视“向上”这种力量的存在，或者只是偶尔接受这种力量的引导，那就只能使自己变得摇摆不定、立场不稳，缺乏进取心，不会取得杰出的成就。

人生要抵得住诱惑

人生中我们最难抵抗的是什么？是名利？是声色？众说纷纭，因人而异，但不可否认，面对各种物欲的诱惑时，许多人常常会迷惑、会沉沦，甚至会失去理智、沦丧道德。

曾经，有一对穷困潦倒的兄弟，家徒四壁，他们买不起床，只有一张长凳，每天晚上两个人都挤在长凳上睡觉。

一个偶然的机会，一位禅师从他们家路过，他实在不忍心再看着这两位兄弟如此窘迫下去，便悄悄地告诉他们：“过了后山，再翻越一座高山，便是太阳山。你们可以去那里挖一些金子回来，但前提是必须在太阳升起之前下山，否则一旦太阳升起，你们就有可能被烤死。”兄弟俩非常高兴，连连向禅师道谢：“谢谢您，谢谢您！我们一定能够赶在太阳升起之前下山的。”

第二天，兄弟两人便早早地起床了，每人拿着一个袋子向太阳山直奔而去。一到太阳山，他们便开始迫不及待地往自己的袋子里装金子。弟弟边装边对哥哥说：“要是这里的金子全归我们所有就太好了！”过了一会儿，眼看着太阳就要升起来了，哥哥对弟弟催促道：“一会儿太阳就要升起来了，我们还是赶快下山吧！”弟弟终是不肯，

望着满山的黄金，他早就把禅师的话置于九霄云外。无奈，哥哥只好先下山了。

下山后，哥哥用自己所拿到的那些黄金做起了小买卖，几年之后，便发了大财，还娶了个漂亮的媳妇，一家人甜美和睦的生活。然而，可怜的弟弟却永远留在了太阳山上。就在弟弟准备下山时，太阳已经升起来了，整个山已开始融化，就这样，他被炙热的太阳所融化了。

《菜根谭》中劝诫人们在面对诱惑时，说"把握未定，宜绝迹尘嚣，使此心不见可欲而不乱，以澄吾静体"。意思是：当意志还没有坚定或没有把握控制时，就应远离物欲环境的诱惑。让自己看不见物欲诱惑，这样才不会心神迷乱。

但是在如今物质极大丰富的世界中，又有几人能抵抗住各种诱惑呢？

从前有一个人看到一头牛被绳子穿了鼻子，拴在一棵树上，这头牛总是试图想要离开这棵树，到旁边的草地上去吃草，可是不管它怎么转来转去终离不开，这人来到禅院问老禅者："什么是团团转？"

老禅者微笑着说道："皆因绳未断。"

这人大惊。

随后老禅师又道："你问的是事，我答的却是理，你问的是牛被绳缚而不得解脱，我答的是心被俗务纠缠而不得超脱，这一理通百事啊！"

这个故事形象地告诉我们尘世中的诱惑就像是一根绳索，总是在

无形之中将人们牵绊着。比如，在名利面前，很多人趋之若鹜；在追求财富的过程中，很多人欲罢不能。虽然很多诱惑一时半会儿得不到，但却一直吸引着人们，当有一天人们费尽心机得到后，却往往失望地发现它们原来并没有想象中的那么美好。但人们在为这些奔波忙碌的时候，却丧失了很多真正的快乐，比如闲暇中的悠然自得，比如和亲人的团聚，比如欢娱的快乐……

孟子说："养心莫善于寡欲。"就是告诫我们只有淡化利欲之心，才能真正让心健康。佛教的《无量寿经》上也说：三辈九品往生均要发菩提心，这愿非常重要。菩提心是指真正觉悟之心，即除一句"阿弥陀佛"，把身心世界全体"放下"，而达到这种境界实在难能可贵！

可见若能淡化了利欲之心，那么无论什么时候，都可让心健康成长。弘一法师一生克勤克俭，尤其是出家之后更是不为外在的声名、毁誉所动，排除一切物欲的干扰专心修行，终成一代高僧，让我们来看看他的高风亮节。

有一年冬天，弘一大师到福建南安水云洞小住。生活用具简陋，床是用两扇木板搭成的，侍者慧田很是过意不去。但弘一法师见了，却很满意，满口"很好很好"，并对慧田说："我们出家人，用的东西都是施主施舍的，什么东西都要节俭，都要爱惜。住的地方，只要有空气，干净，就很好。用的东西只要可以用，就可不计较什么精巧华丽。日中一食，树下一宿，是出家人的本色。"

弘一法师有一件僧衣，补了224个补丁，都是他自己补的。这件僧衣青灰相间，褴褛不堪，是他初出家时穿的，后来被他的朋友、浙江第一师范学校的校长经子渊先生留下作为纪念。他还有一双僧鞋，也穿了15年。他的学生刘质平在他五十寿辰时，细数他蚊帐的破洞，有的用布补，有的用纸糊，已经十分破旧，要给他换一顶新的。他坚辞不许，说是还很好，还可以用，不必换。

叶青眼居士在《千江印月集》里回忆说，"大师入闽十余年中，生活的事，无非三衣过冬，两餐度日，一张木板床，一只粗椅而已。甚至一根火柴，也不轻易动用，何况其他。他在养老院住了五个月，院方供他火柴两盒，他不曾动用一根，由侍者妙莲法师送还院方，叶青眼居士亲手接收。"

上述这些只是弘一法师生活中很简单的例子，但是却能折射出他高尚的人格和深厚的做人修养。洪应明在《菜根谭》中讲道："能忍受吃粗茶淡饭的人，他们的操守多半都像冰一样清纯、像玉一样洁白；而讲究穿华美衣服的人，他们多半都甘愿做出卑躬屈膝的奴才面孔。因为一个人的志气要在清心寡欲的状态下才能表现出来，而一个人的节操是在贪图物质享受中丧失殆尽的。"毫无疑问，弘一法师的操守像冰一样清纯、像玉一样洁白，他的人格让我们每一个人都深感敬佩。

有一个人乘船渡江时看到荡荡流水很是欣赏。不久，大风刮起来，怒波惊涛震天撼地，这人乘坐的小舟开始起伏不定，这人吓得再也没有心思来欣赏江上的美景。风浪过后，他静下来，想起自己刚才的恐惧，看着眼前一片美丽的江上风光问艄公："你不怕刚才的大波浪吗？"艄公若无其事的笑笑说："怕什么，不就是水吗！你的心不为

其所动，再大的风浪也奈何不了你。”此人听后不禁汗颜。

是的，波涛也罢，静水也罢，这个人之所以会害怕风浪掀起的大波涛，是他的心在作“行动”。五光十色的大千世界中，我们的心灵就如同水波一样常常随着诱惑而起伏不定，比如，会迷惑于外在的东西，会担心、会害怕、会忧虑到来的危机，当然，也会高兴、会快乐、会欣喜若狂自己的“幸运”之事。

俗话说：“世间无不散的宴席，无不凋谢的花朵。”世间没有一件事物会永恒地存在于世。虽然我们来到世间生命的长短无法预期，但通过树立正确的价值观和人生观是可以“安定”自己的心，达到无视诱惑的境界的。人只有在诱惑中不为“诱惑”所动，才能达到我们追求的“人到无求品自高”的淡然和洒脱境地。

第二章

善待生活——因为世界如此美好

逆境都有正面的价值

人生在世，波澜起伏，风雨飘摇都可能遇到。人的一生中，没有谁会一条直线地走下去，都会遭遇逆境，只是逆境有大有小，有长有短。但它们也是人生活的过程。而那些逆境中的困难与艰难、坎坷与挫折组成了人生旅途的要迈过的一个个“关口”。

从人类社会的发展史来看，很多民族都在逆境中顽强奋斗、自强不息。下面我们来看看犹太实业家路德维希·蒙德是怎样在逆境中奋斗的。

蒙德曾在海德堡大学求学时与著名的化学家布恩森一起工作，发现了一种从废碱中提炼硫黄的方法。从那时起，他就有了要把这项科研成果转化成商业价值的想法。虽然他知道困难重重，但他还是决定要试试看。后来他移居到英国，在那里，他几经周折找到一家愿意同他合作开发此项技术的公司，结果证明这项技术的经济价值非常高。于是蒙德萌发了开办化工企业的念头。

蒙德买下了一种利用氨水的作用使盐转化为碳酸氢钠的方法的专利权，这种方法是他与其他人一起参与发明的，但当时还不是很成功。蒙德买下了一块地建造厂房，继续实验，以完善这种方法。然而

实验屡屡失败，但蒙德从未放弃，他夜以继日地研究开发，后经过反复的实验，他终于解决了技术上的难题。

1874 年厂房建成，刚开始生产状况并不理想，成本居高不下。连续几年，企业都处于亏损状态。同时，当地居民担心大型化工企业会破坏生态平衡，也都拒绝与他合作。

蒙德没有气馁，继续研究，在建厂 6 年后取得了技术上的重大突破，产量增加了 3 倍，成本也降了下来，产品由每吨亏损 5 英镑变为获利 1 英镑。当时的英国，工厂普遍实行 12 小时工作制，蒙德做出了一项重大决定：将工作时间改变为每天 8 小时。通过这项决定，工人的积极性极度高涨，每天完成的工作量和原来的 12 小时一样多。

周围居民的态度也发生了转变，争着进他的工厂工作，因为蒙德的企业规定：在这里做工，生活可获得终身保障，并且当父亲退休时，还可以把这份工作传给自己的儿子。后来，蒙德建立的这家企业成了全世界最大的生产碱的化工企业。

逆境不是拦路虎，它更像人生道路的十字路口，选择好，走过去，就会成功，否则，只能在逆境的深渊里继续挣扎。人生不如意事十之八九。顺境，人之所求，却无法有求必应；逆境，人之所畏，却往往不期而遇。现实中很多人的成功，正是因为逆境的磨炼才使他们焕发了奋斗不息的激情，并以此为阶梯敲响了成功的大门。

玛格丽特·米契尔是世界上著名的作家，她的名著《飘》享誉世界。但是，这位女作家的创作生涯并非是平坦的，相反，她的创作生涯可谓是充满坎坷曲折。她靠写作为生，没有其他任何收入，生活十分艰辛。最初，出版社根本不愿为她出版书稿，所以，她在很长一段时间里不得不为了生活而处心积虑、精打细算。但是，玛格丽特·米契尔没有退缩。她说："尽管有个时期我很苦闷，也曾想过要放弃，但是，我时常对自己说，为什么他们不出版我的作品呢？一定是因为我的作品不好，所以我一定要写出好的作品。"经过努力，《飘》问世了，玛格丽特·米契尔为此激动得热泪盈眶。她在接受记者采访时说："在出版《飘》之前，我曾收到出版社一千多封退稿信，但是，我不气馁。退稿信的意义不在于说明我的作品无法出版，而是说明我的作品还不够好，这是叫我提高写作能力的信号。所以，我比以前任何时候都努力，终于写出了《飘》。"

个人心理学先驱艾尔费烈德·艾德勒说："你愈不把逆境当作一回事，逆境愈不能把你怎么样；一个人只要能保持个人心态的平衡，成功的可能性就会变大。"所以说，每个逆境都有正面的价值，人只要保持乐观情绪，学会给自己解压，在逆境中鼓励自己继续奋斗，就会成为真正的强者。

有这样一个人，当人们为她的悲惨命运惋惜时，她却为能享受美好的生命无比的幸福和快乐。她叫黄美廉，一位自小就患脑性麻痹的病人。脑性麻痹夺去了她肢体的平衡感，也夺走了她发声讲话的能力。从小她就活在诸多肢体不便及众多异样的眼光中，她的成长充满了艰辛。

然而她没有让外在的痛苦击败她，她昂然面对命运，以无所畏惧的奋斗精神迎向一切的"不可能"，最终，她以让人不可思议的行为获得了

加州大学艺术博士学位。她用她的手当画笔，以色彩告诉人们“寰宇之力与美”，并且骄傲地发出灿烂地微笑——我“活出了生命的色彩”。

在她个人的演讲会上，一个学生问她：

“请问黄博士，你怎么看待自己？你就没有怨恨命运的不公吗？”

“我怎么看自己？”黄美廉用粉笔在黑板上重重地写下这几个字。她写字时用力极猛，有力透纸背的气势，写完了这个问题，她停下笔来，歪着头，回头看着发问的同学，然后回过头来，在黑板上认真地写了起来：

一、世界很可爱！

二、到处充满着美！

三、爸爸妈妈这么爱我！

四、我会画画！我会写稿！

五、我有健全的大脑！

六、……

写完后，她回过头来平静地看着大家，有一种永远也不被击败的傲然写在她的脸上，她再回过头去，在黑板上写下了结论：“我只看我所有的，不看我所没有的。”教室内一片鸦雀无声，没有人讲话。忽然，大家不约而同地鼓起掌来。美丽的笑容也从黄美廉的嘴角荡漾开来。

逆境确实让人不舒服，有的逆境更让人痛苦至极。但是如何看待逆境，怎样摆脱逆境，怎样在逆境中奋起，不能“光说”，更要“去做”。做的过程中要排除万难，克服一切“不可以”、“不可能”，这样才能让逆境低头，让逆境让路。

欣赏自己，最大限度发挥自己的优势

人的价值高低，不在于他人评判，要看自己如何看待自己。每个人的人生因为自己的定位而让自己的生活与众不同。你或许觉得没有别人有钱，但你可能有轻松的生活；你或许没有轻松的工作，但你是否意识到，你的薪水在单位里是较高的？……每个人都有生存缺憾，但每个人也都有让人羡慕的地方。只有欣赏自己的人，才能最大限度发挥出自己的优势，让自己的人生价值体现出最大化。

著名的物理学家霍金教授的身体状况众所周知。21 岁的时候，他被确诊为患有肌萎缩性脊髓侧索硬化。医生说他只能活两年半，并且随着病情的恶化，他将失去所有的活动能力。然而，霍金并没有因此而否定自己，让自己消沉下去。他相信他有创造奇迹的能量。

霍金说："我选择了理论物理学，是因为研究它用头脑就可以了。"通过不断的努力，霍金提出了黑洞理论，将理论物理学提高到了一个新的层次。后来，霍金被任命为卢卡斯数学教授——这个曾被牛顿获得过的荣誉职位。

霍金之所以伟大，除了他在学术上的贡献外，还因为他能积极乐观地生活。他为自己拥有一个健全的大脑并能发掘它的优势而感到非

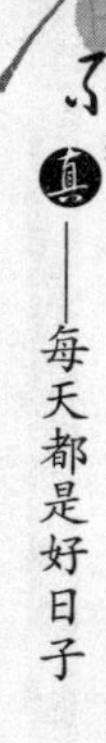

常满足。

不必总是欣赏别人，多欣赏欣赏自己吧，你会发现，你有别人没有的优势，你也有比别人更美好的地方。

有个小男孩头戴球帽，手拿球棒与棒球，全副武装地走到自家后院。

“我是世上最伟大的击球手。”他自信地说完后，便将球往空中一扔，然后用力挥棒，但却没打中。他毫不气馁，继续将球拾起，又往空中一扔，然后大喊一声：“我是最厉害的击球手。”他再次挥棒，可惜仍是落空。他愣了半晌，然后仔仔细细地将球棒与棒球检查了一番之后，他又试一次，这次他仍告诉自己：“我是最杰出的击球手。”然而他第三次的尝试还是挥棒落空。

“我一定要多练练，总有一天能打中。”小男孩对自己说。

看了上面的这个小故事，你是一笑置之，还是有所感触呢？故事中的小男孩勇于尝试，能不断给自己打气、加油，充满信心，尽管接二连三失败，但是，他没有自暴自弃，没有任何抱怨，反而能从另一种角度“欣赏自己”。

生活中有很多人都习惯自怜自艾、自我批判，他们最常说的是“我身材难看”，“我能力太差”，“我总是做错事”……这些都是不自信所致，也都是不能换个角度欣赏自己的结果，当然这些也是由于自卑心理在作祟。

很多人更关注自己的劣势在哪里，常忽视了自己突出的优势；很多人更多时是沉溺于对自我的责备中，却很少积极地认同自己；其

实，人不仅要取长补短，还要灵活的扬长避短。人缺乏“才能”不可怕，可怕的是，负面的心态常居心中。

一位心理学家做了这样一个实验；他在一张白纸上点了一个黑点，然后问他的几个学生看到了什么。学生们异口同声地回答看到了黑点。这给我们提出了一个值得思考的问题：为什么很多人看到黑点，却看不到白纸呢？这说明，很多人对人生消极、灰暗、易产生负面心态，同时也很敏感。其实人应珍惜、发挥自己的天赋优势，对自己的毛病、问题尽量改正，同时要多发掘本身所具有的更多的优点。

简单一点来说，即生活对于每个人来说所给予的机会是一样的，每个人都有属于自己的长处与短处，发掘自己的优势，发挥内在的潜力，找到自己努力奋斗的方向十分重要。

有这样一则寓言：

在一个丛林中住着一只忧愁的小老鼠，整日闷闷不乐，它自感形象不佳，本领又小，生活在社会的最底层。他常说，看人家猫多神气啊。苦恼的小老鼠来到了山神的面前，再三哀求山神给予帮助，把它变成一只猫。山神被缠不过，答应了它的要求。于是小老鼠变成了一只神气的猫。没高兴几天，又有了新问题，原来猫怕狗。它又去求山神，把它变成一只狗。可谁料，狗怕狼，于是它又跑去请求变成一只狼……如此这般一路请求一路变化，小老鼠终于变成了森林大王——大象。它昂首挺胸，在丛林中散步巡视，威风凛凛，动物们见了它都点头哈腰，恭恭敬敬，它心中别提有多高兴了。可没过多久，它又有了新的发现；大象最怕的竟然是老鼠。这时它眼中最伟大的形象又变

成了老鼠，于是它又去哀求山神……

在这个世界上，万物相生相克，哪里有最强和最弱之分？一味地把自己的缺点和别人的优点去比较，只会打击自己的信心。所以，不要做无谓的比较，去做好自己应该做好的事情，才能享受平静安详的生活，而这也是对自己最好的肯定。

人无完人，每个人都会有一些缺陷：外貌上，性格上……当一个人懂得承认自己的不完美时，他也就真正地成熟起来了。人都会有比别人美好的地方，所以千万不要自贬身价。如果一个人对自己都不欣赏，连自己都看不起，那么，这个人怎么能有自强、自信、自爱、自省的自我要求呢？若连自己都不欣赏，那又怎么会找到自己的优势和长处呢？所以，当我们没有超凡的聪颖，那我们应当有不懈的执着和勤奋；当我们遇到挫折和困难，我们应当不叹息和不抱怨，应有更加奋然前进的勇气。人要欣赏自己，要让自己有信心地走向生活，把一串串美丽的梦想变成神奇的现实，把一个个平淡的日子装扮得五彩缤纷。

据心理学研究发现，人类有400多种优势——当然，这些优势本身的数量多少并不重要，最重要的是应该知道自己的优势是什么？之后要做的则是将你的生活、工作和事业发展都建立在你的优势上，并多多开发自我优势，这样将有助于你更好地实现成功。

有一个寓言故事一直被广泛流传。

森林里开办了一所学校。开学第一天，来了许多动物，学校为它们开设了5门课程：唱歌、跳舞、跑步、爬山和游泳。当老师宣布：

今天上跑步课时，小兔子高兴地在体育场跑了个来回，并自豪地说："我能做好我天生就善于做的事。"再看其他小动物，有撅着嘴的，有耷拉着脸的。第二天一大早，老师宣布：今天上游泳课，小鸭兴奋地跳进了水里。小兔傻了眼，其他小动物更没了招儿。接下来，第三天是唱歌课，第四天是爬山课……以后发生的情况，便可想而知了，学校里的每一天课程，小动物们总有喜欢和不喜欢的。

这个寓言诠释了一个通俗的道理，那就是：优势会让人更自信。比如，小兔子擅长跑步，小鸭子擅长游泳，小松鼠擅长爬树。"尺有所短，寸有所长"，每个人都有自己的长处。如果你能经营好自己的长处，就会给你的生命增值；反之，如果你总是经营自己的短处，那就会使你的人生贬值。"梅须逊雪三分白，雪却输梅一段香。"人生成功的诀窍就在于发现自己的长处，发挥自己的最佳优势。每个人都有自己的核心优势，所以必须知道自己的努力方向在哪里，这样才能在任何的环境中更好地生存下去。

有一个小男孩很喜欢柔道，一位著名的柔道大师答应收他为徒。然而，还没有来得及开始学习，小男孩就在一次车祸中失去了左臂。那位柔道大师找到小男孩，说："只要你想学，我依然会收你做徒弟的。"于是，小男孩在伤好后，就开始学习柔道。

小男孩知道自己的条件不如别人，因此学得格外认真。3 个月过去了，柔道大师只教了他一招儿，小男孩感到很纳闷，但他相信师傅这样做一定有自己的道理。又过了 3 个月，柔道大师反反复复教的还是这一招儿，小男孩终于忍不住了，他问师傅："我是不是该学学别

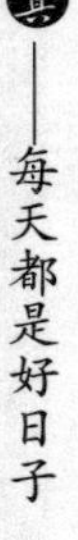

的招数?”师傅回答说:“你只要把这一招儿真正学好就够了。”

又过了3个月,柔道大师带小男孩去参加全国柔道大赛。当裁判宣布小男孩是本次大赛的冠军时,他自己都觉得不可思议。只有一只手臂的他,第一次参赛就以唯一的一招儿打败了所有的对手。回家的路上,小男孩疑惑地问柔道大师:“我怎么会以这仅有的一招儿得了冠军呢?”柔道大师答道:“这有两个原因:第一,你学会的这一招儿是柔道中最难的一招儿;第二,对付这一招儿的唯一办法是抓你的左臂,而你恰好没有左臂。”

这个故事说明,有时候自身的缺陷在某种情形下也会转化成自身的优势,而很多人的某些优势甚至是独一无二的,别人无法模仿、复制。所以,当你认为并无优势的时候,要千方百计找到突破口,这样也可以成为可用之材。

歌德说:“每个人都有与生俱来的天分,当这些天分得到充分的发挥时,自然能够为他带来极致的快乐。”所以,如果你希望不断体验到生活带给你的惊喜,你就从自己的长处着手,从优势着手,抓住机会充分发挥。如果你丢开自己的天赋和优势,在不擅长的领域寻求发展,你很快就会发现,自己就像在泥潭里挣扎一样,无论做什么,都难逃“不成功”的命运。

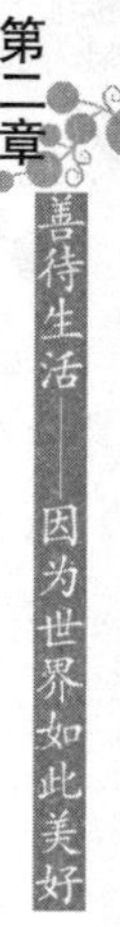

为梦想而活，然后全力以赴

著名登山专家罗杰斯在一次演讲中，说了一番令人难忘的话，他说：“我看过许多教人如何成功的书，也听过不少人的成功经验之谈。我自己归纳出一个最简单的方法：要想成功，只需记住这几句话就行了：知道你在做什么，爱你做的事，相信你做的事，遇困难不放弃仍然去做。”

100 多年前，美国费城的 6 个高中生向他们仰慕已久的一位博学多才的牧师 R·康惠尔请求：“先生，您肯教我们读书吗？我们想上大学，可是我们没钱。我们中学快毕业了，有一定的学识，您肯教教我们吗？”

康惠尔答应教这 6 个贫家子弟。同时他又暗自思忖：“一定还会有许多年轻人没钱上大学，他们想学习但付不起学费。我应该为这样的年轻人办一所大学。”于是，他开始为筹建大学募捐。当时，建一所大学大概要花 150 万美元。

康惠尔四处奔走，在各地演讲了 5 年，恳求各大学为出身贫穷但有志于学的年轻人捐钱。出乎他意料的是，5 年的辛苦筹募到的钱竟不足 1000 美元。

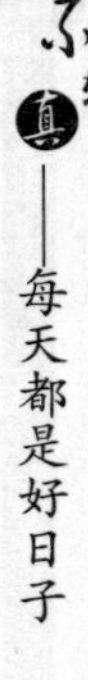

康惠尔深感悲伤，情绪低落。一次，当他走向教堂准备下礼拜的演说词时，低头沉思的他发现自家门口周围的草枯黄的东倒西歪。他便问园丁：“为什么这里的草长得不如教堂周围的草呢?”

园丁抬起头来望着康惠尔回答说：“噢，我猜想你觉得这地方的草长得不好，主要是因为你把这些草和别的草相比较的缘故。看来，人们常常是看到别人美丽的草地，希望别人的草地就是我们自己的，却很少去整治自家的草地。”

园丁的一席话使康惠尔恍然大悟。他想起了他曾听到的一个农夫的故事：

有个农夫拥有一块土地，生活过得很不错。但是，当他听说可以找到埋有钻石的地方时，他便想，只要有一块钻石就可以富得难以想象。于是，农夫把自己的地卖了，离家出走，四处寻找可以发现钻石的地方。农夫走向遥远的异乡他国，然而还是没能发现钻石，最后，他囊空如洗。有一天晚上，他在海滩自杀身亡。而那个买下这个农夫土地的人，却在清理园子过程中无意间发现了一块异样的石头，拾起一看，它晶光闪闪，放射出耀眼的光芒。仔细察看，发现这竟是一块钻石。就这样，在农夫卖掉的这块土地上，新主人发现了旧主人抛弃的钻石宝藏。

这个故事是发人深省的，康惠尔想：财富不是仅凭奔走四方去募集的，它属于怀着火热的谋求成功的愿望去努力的人，属于依靠自己奋斗的人，属于相信自己能在自己的“土地上”创造奇迹的人。康惠尔后来做了7年“钻石宝藏”的演讲。7年后，他赚得800万美元，这笔钱大大超出了他所想建一所学校的需要。

今天，这所学校竖立在宾夕法尼亚州的费城，这便是著名的学府——坦普尔大学。

凡成功者都是根据自己的长处来确定自己的人生方向，并坚持住既定的方向，而如愿以偿地获得成功。

马克·吐温作为职业作家和演说家，可谓名扬四海，取得了极大的成功。但你也许不知道，马克·吐温在试图成为一名商人时却栽了跟头，吃尽苦头。马克·吐温曾投资开发打字机，最后赔掉了5万美元，一无所获；后来马克·吐温看见出版商因为发行他的作品赚了大钱，心里很不服气，也想发这笔财，于是也开办了一家出版公司。然而，马克·吐温没有经商头脑，很快陷入了困境中，最终以出版公司破产倒闭而告终，马克·吐温本人也陷入了严重的债务危机。

经过两次打击，马克·吐温终于认识到自己毫无商业才能，于是断了经商的念头，开始在全国巡回演说。最终，马克·吐温依靠出色的文学才华与演讲优势还清了所有债务。

“做自己喜欢和善于做的事，上帝也会助你走向成功。”这是电脑天才比尔·盖茨说过的一句话。早在比尔·盖茨还没有成名的时候，他对计算机就十分痴迷，并且是一个典型的工作狂。但这种“工作”完全是出于一种本能的爱好，这种爱好在他在湖滨中学时期就已表现得淋漓尽致。

那时候，为了研究电脑玩扑克的程序，盖茨简直到了如饥似渴的

程度。扑克和计算机消耗了他的大部分时间。盖茨像干其他所专注的事情一样，玩扑克很认真。但他“玩”得太糟透了，然而他并不气馁，最后终于成了扑克高手，并研制成功了这种计算机程序。在那段时间里，只要晚上不玩扑克，盖茨就会出现在哈佛大学的艾肯计算机中心，因为那时使用计算机的人还不多。疲惫不堪的他，有时会趴在电脑上酣然入睡。盖茨的同学说，常在清晨发现盖茨在机房里熟睡。盖茨也许不是哈佛大学数学成绩最好的学生，但他在计算机方面的才能却无人可以匹敌。他的导师不仅为他的聪明才智感到惊奇，更为他那旺盛而充沛的精力而赞叹。

办公司后，盖茨在创业时期，除了谈生意、出差，大多在公司里通宵达旦地工作，常常至深夜。有时，秘书会发现他竟然在办公室的地板上鼾声大作。天才加爱好，再加勤奋，最终成就了这位天才辉煌而传奇的人生历程。

坚守自己的方向，找到并发挥自己特有的优势，也许你就会成功。

虽然没有名利，但活得也轻松

从前，有个非常有钱却很吝啬的贵族，他最高兴的事情就是发财，但是如果让他为别人花一个小钱，他就会非常不高兴。大家都管他叫吝啬鬼。而这个吝啬鬼最发愁的总是明天是否能赚到钱，最担忧的是子孙是否将来能守住他的财产。这些忧虑常常搅得他吃不香睡不着。

一天，城里来了一个智者。很快百姓就传开了：说这个智者可以满足任何人的任何愿望。贵族一听，高兴坏了，心说一生中的最大愿望就要实现了。他立即来到智者住的地方，把自己的愿望告诉智者。智者说："你的愿望一定能够实现，不过有一个条件。"贵族吓了一大跳，怀疑智者是想叫他施舍财物，可他又想，自己的最大愿望就要实现了！管他提什么要求呢！一咬牙说出了平生从来没说过的话："什么条件？请说吧，我一定会照办的。"

智者说："你家旁边住着一户人家，家中只有母女俩。明天你给她们送一点粮食去。"贵族心想，这比起他要实现的最大愿望，简直算不上什么，于是，高高兴兴地答应了。

他拿着一小袋粮食来到那户人家里的时候，那母女俩正快快乐乐

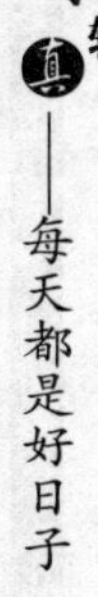

地忙着干活。他对母女俩说："请收下这点儿粮食吧，这样你们就有吃的了。"母亲说："谢谢你，今天我们有粮食吃，我们不要，你拿回去吧！"贵族说："过了今天，还有明天，你们留着明天吃吧！"那母亲却坦然地说："明天的事我们不担心，我们从不为明天的事情发愁，只要我们有双手，老天就不会让我们饿死的！"说完又埋头干活去了。

听了这话，贵族先是惊愕，接着似乎恍然觉悟。他离开穷人家，来到智者那里，非常恭谨地行了个礼，说："我感谢您满足了我的最大愿望，是您给了我幸福的钥匙，说真的，不知足的人在这个世界上是永远也不会找到幸福的。"

贵族自认为一直在寻找幸福，他以为幸福的钥匙在别人手中，没想到这把钥匙竟在穷邻居那里。他从穷邻居的言谈中悟到了幸福的真谛——珍惜所拥有的，不去奢求那些遥不可及的或者本不属于你的东西。

苏格拉底没有结婚的时候，他和几个志趣相投的朋友合住在一起。房间很小，大概只有七八平方米，也很简陋，而且虫子随处可见。尽管生活条件很差，但他一天到晚总是神采飞扬，快乐得好像每天都有好事发生似的。他的朋友说："老兄，你每天都有什么开心的事，说出来跟我们分享一下吧。"也有跟他住在一起的人问他："大家每天都挤在这个小破屋里，连转个身都要挤来挤去的，你有什么可高兴的啊？"

苏格拉底说："你们不觉得大家挤在一起，可以随时随地交流彼此的思想、感情，这是再多的金钱也买不到的快乐吗？你们难道不觉得住在一起热热闹闹是一件很值得高兴的事吗？”

没过多久，住在一起的人该结婚的结婚了，该奔前程的奔前程了，小破屋子里只剩下了苏格拉底一个人，可是，他并没有因为朋友们的离去而感到悲伤难过，他仍然每天活得很快乐。周围的人都觉得他这个人精神有问题，总是疯疯癫癫的一个人傻笑。但苏格拉底并不在乎这些，整天依旧快乐地沉迷于书本之中。有人又问他：“现在屋里就只剩下你一人，孤单单的有什么快乐可言呢？”

苏格拉底自豪地说：“怎么能说我是一个人，你没看到我身边有那么多的书做伴吗？一本书其实就是一位老师，你可以从不同的老师那学到不同的东西，有这么多的老师和我做伴，我可以时时刻刻地向他们请教问题，我又怎么能不高兴呢？”

这就是我们后世所熟知的伟大的哲学家苏格拉底。后来他因获罪，被判了死刑，在监狱里，他的好多朋友都曾劝他赶紧逃走，甚至还帮他买通了狱卒，策划好越狱方案，但苏格拉底却宁死不屈，他说：“我就是死也不能背叛我的信仰。”后来，这位70多岁的智者带着他的信仰平静而快乐地离开了人世。

而与之相反的是，有的人一旦有了钱，反而陷于各种忧虑中，这不得不说是命运对人的捉弄。

一位名叫杰克的人中了大奖，得到3.14亿美元。可是金钱没有给他带来快乐，相反，带给他的是无穷的烦恼，最后令他差不多家破人亡。

杰克本来就是一位百万富翁，开着下水管道公司，手下有一百多

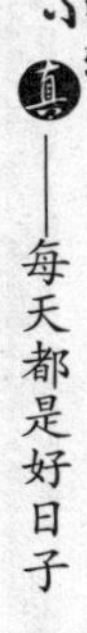

名员工。他出身贫寒，全凭自己的辛勤劳动，取得了成功。他有一个结婚40多年的恩爱妻子，有一个视为掌上明珠的外孙女。他是很典型的美国人，诚实，善良，勤奋，爱家，经常去教堂。他中奖以后，决定扩大自己的企业，改善自己的生活，并花钱帮助本州有困难的人。这个消息传开后，许多人都称杰克为“救世主”。

当地和附近的人不管认识、不认识杰克的，有的纠缠不休，有的拍马奉承，有的威胁恐吓，有的软磨硬泡……不管杰克走到哪里，都有人事先“埋伏”在那儿，想方设法和他接触。他被弄得烦不胜烦。好在他不缺钱，花点小钱是他可以做出的最佳选择。

没想到这么一来，招来了更多的人。他专门请了三个人为他处理乞助信件，照样忙不过来，本地的、外地的，找他要钱的人越来越多。他无法正常生活了，他变得烦躁不安，容易发脾气。他认为人的丑恶的一面在金钱面前不堪一击，他再也没有过去那种平等、互助、彼此关心的想法了。他逐渐变得看不起人，盛气凌人，整个世界在他的眼里已经变了形。而外界对他的看法也变了180度：他不再是一个君子绅士，像是一个烦躁狂躁的吝啬鬼。

由于有了花不完的钱，杰克不再是一个普通人了。本来他每周都去教堂，诚心诚意地祷告，请上帝宽恕他的错误。而现在他敢于向上帝挑战了。他经常说的话就是：“我的钱比上帝还多，你们必须按照我的话做。你们应该为我欢呼，庆祝我的成功。”

当地小镇本来有一个小教堂，比较破落寒酸。杰克得奖后，花了百万美元又建了一个教堂。可是教堂建成后，大家讨厌他的趾高气

扬，宁愿去又窄又小的老教堂，而不愿意去杰克花钱修建的新教堂。杰克发现，钱并不能买通人，人们自有自己的评价标准。

然而最不幸的是他视若生命的外孙女的遭遇。杰克的女儿因为丈夫自杀身亡，自己又得了癌症，把女儿从小就寄养在她的父亲家。所以，杰克夫妇把孩子抚养大，对待外孙女比自己亲生的女儿还要宠爱。杰克常说，外孙女布兰迪的世界就是他的世界。

当杰克中奖时，布兰迪16岁，在高中念书，本是一个健康快乐的普通女孩。她和自己的同学、老师相处得十分融洽。可是自从外公中了大奖以后，她用外公的钱摆阔气。请吃请玩是小事，用外公的钱买豪华轿车，不上课出去玩，雇同学当司机，一次就给500美元。送同学礼品，有时髦服装，还有大钻石戒指。这种摆阔行为招来了一批趋炎附势者，那些人想办法讨好她，奉承她。她的世界跟她外公一样，整个地变了。她的朋友换了一批又一批。逃学成为家常便饭。逃学干什么？到处无目的地游荡，甚至闯祸。闯了祸就拿钱摆平。后来，她结交了一批最危险的吸毒者。她的男朋友因为吸毒过量死亡。最后，她自己也得到了同样的结局。

外孙女的死，使得杰克痛不欲生。可是杰克仍没有真正懂得是什么导致了他外孙女的死，相反，他认为那些教唆布兰迪吸毒的人才是罪魁祸首。他不明白，为什么有了钱以后他的价值观变了，信仰变了，他不明白真正的祸根是“有钱”，是“有钱”以后价值观变了，信仰变了，即当人们做钱的主人时，钱能给人带来幸福；而当人们变成钱的奴隶时，钱却给人带来了灾难。

生活需要拿得起，放得下

人的一生，有如簇簇繁花，既有红火耀眼之时，也有暗淡萧条之日。面对金黄的晚霞映红半边天的情景，有人叹息："夕阳无限好，只是近黄昏。"也有人想到的却是："莫道桑榆晚，晚霞尚满天。"面对半杯水，有人遗憾地说："可惜只有半杯了。"有人却庆幸地说："还好，尚有半杯可饮。"可见，不同的人对同一件事有不同的看法，不同的看法必然有不同的结果。

生活中的种种遗憾和不幸是不能避免的，歌德夫人曾经说过"我之所以高兴，是因为我心中的明灯没有熄灭。道路虽然艰难，但我却不停地求索我生命中细小的快乐。如果门太矮，我会弯下腰；如果我可以挪开前进路上的绊脚石，我就会去动手挪开；如果石头太重，我也可以换一条路走。我在每天的生活中都可以找到高兴的事情。"

是的，当我们不得不面对残酷的命运时，只要你心里充满阳光，所有流汗淌泪的日子都会变得灿烂如花，种种生活的苦涩都会化为唇边云淡风轻的一抹微笑。

一位疲惫的诗人去旅行，出发没多久，他就听到路边传来一阵悠扬的歌声。那是一个快乐男人在歌唱。

他的歌声实在太快乐了，像秋日的晴空一样明朗，如夏日的泉水一样甘甜，任何人听到这样的歌声，都会马上被感染，让快乐把自己紧紧地包裹起来。

诗人驻足聆听。歌声停了下来，那个男人微笑着。

诗人上前问候："您好，先生，从您的笑容就可以看得出来，您是一个与生俱来的乐天派，您的生命一尘不染，您既没有尝过风霜的侵袭，更没有受过失败的打击，烦恼和忧愁也没有叩过您的家门……"

男人摇摇头说："不，你错了，其实就在今天早晨，我还丢了一匹马呢，那是我唯一的一匹马。"

"最心爱的马都丢了，您还能唱得出来？"

"我当然要唱了，我已经失去了一匹好马，如果再失去一份好心情，我岂不是要蒙受双重的损失吗？"

是的，如果不幸已经发生，那么就去接受不可改变的现实吧，即使再不情愿，也要及时收住自己让心情变差的脚步，寻找新的方向。记住，事情已经发生，如果不能改变它，那么我们要做的就是接受它。

生命不仅仅是一种结果，更是一个"过程"。过程中难免要有一些暗淡的色彩，会给生命带来缺憾，但这没有什么值得纠结的，每个人都是如此。所以，人不能当好事降临时，只知狂喜，只知盛气凌人，此时要把功名利禄看轻些，看淡些；而当祸事侵袭时，也不要只知伤悲，只知自暴自弃，此时要把厄运羞辱看远些，看开些，也许厄

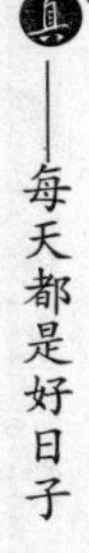

运不经意间又为你带来了好的转机。人只有拥有对任何事都可以拿得起、放得下、甩得开的胸怀，生活才能过得心安理得。

有一位很有名气的心理学家，一天给学生上课时拿出一只十分精美的咖啡杯。当学生们正在赞美这只杯子的独特造型时，他故意装作失手，咖啡杯掉在水泥地板上摔了个粉碎。学生们不断地发出了惋惜之词。这位心理学家指着咖啡杯的碎片说："你们一定对这只杯子感到惋惜，可是这种惋惜无法使咖啡杯再恢复原形。今后在你们的生活中如果发生了无可挽回的事情时，请想想这只破碎的咖啡杯。"

是的，我们的人生中可能也会出现如这只破碎的咖啡杯现象，那么，情况一旦出现，怨天尤人、痛心疾首是没有任何用的。我们应该坦然的接受既定的事实，将自己心态重新整理，以勇敢者的姿态面对，因为只要我们坚信人生没有过不去的坎，就会有希望的明天。

有这样一个真实的故事：

汶川地震发生后，位于成都的四川大学华西医院成了众多震灾重伤员的家。

躺在床上的何纯涛保持着单纯的笑容，她的笑，没有丝毫做作和心机，透明得如同她的名字。这么明亮简单的女孩，应该正享受着青春的欢娱。但是现在，她却躺在床的中间，枕头离床头还有一个枕头的距离，她的双腿没了。

"感觉好些了，只是换药时有点痛，明天就要进行第二次手术了。"她轻轻地说，依然是甜甜的笑容，似乎被截去双腿并不是什么大不了的事。

22 岁的何纯涛从泸州化工职业技术学院毕业，在什邡一家公司从事工业分析与检验。5 月 12 日下午，何纯涛准备去上班，刚走出宿舍门，地震就发生了。一根横梁带着垮塌的建筑狠狠地砸在她的双腿上，压得她无法动弹。直到 14 日下午，何纯涛才获救，但她的双腿被重压了两天，肌肉坏死，四川大学华西医院只得无奈地对其进行了截肢手术。

“比起其他不幸的人，我已经算是幸运了。我有三个好朋友，大家天天一起玩一起吃的，有一个今年 1 月份刚结婚，但她们都不在了。毕竟我还活着，我还有未来。”何纯涛说。“以后能站起来，就是我最大的愿望，我有信心面对生活。医生跟我说，我可以装假肢。我的生活可以自理，我还想继续做自己的专业。而且，我还想结婚呢！”

看看，这就是坚强的人对生命的礼赞。面对人生的那些憾事，记住该记住的，忘记该忘记的，改变能改变的，接受不能改变的，当你用坚强来武装自己，勇敢接受命运考验的时候，你会发现，你的内心是强大的。

人生不如意事十之八九。虽然命运有所不同，但人们最终却是殊途同归，离开人世时什么也带不走。所以，我们要精力充沛地生活，不坐在阴暗的墙角，不去悲叹自己的命运。

《用心去活》的作者伊丽莎白·库伯勒·罗斯是位医师，她一生都在帮助临终的病患，也使得她创办的“安宁医护”受到今日的医界重视，让人们在生老病死的循环中都能够拥有尊严。晚年，她又收养了许多艾滋病婴儿。为人们做了如此多的她，却没有得到应有的对待与回报。很多医师排挤她；她因热心公益服务而“赔掉”自己的婚姻；她身体的健康不断恶化；附近的居民甚至一把火烧了她的房子，以防止她继续做“危险的善事”。她也诅咒过某些人的无知与无情，她也曾灰心到了极点，但她最终选择继续勇敢地走下去，没有因为某些不义者而怨天尤人，阻挡了自己的人生道路。这是一个生活中的强者的风范！

时至今日，“安宁医护”的善行被医护界歌颂，她的事迹在世界各地流传。这也是人们对她多年来努力工作的报偿。

所以，如果你决心献身自己的事业，就要坚定自己的信仰和志向，不让自己处在沮丧失望的悲观心态中，要矢志不渝地向自己的目标前进，即使是他人的冷嘲热讽也不能伤害你。如果你有这样的勇气，世界绝不会吝于将生命中最丰盈的感受回报给你。

不如意不是遗憾

许多人可能都曾有过这样的体会："为了成功，我尝试了不下上千次，可就是不见成效。"是的，每个人都会为了成功，拼命、拼搏，但成功确实不是容易实现的。但如果因为不见成效，就放弃了再努力的念头，或认为已拼搏了，可以放弃了，那只能说你尝试过。戴高乐说："挫折，特别吸引意志坚强的人。因为人只有在拥抱挫折时，才会真正地认识自己。"

有一位做营销的老先生准备在他回家颐养天年的时候，把他毕生的经验做一次演讲告知世人。早些年，这位老先生在营销界也是享有盛誉，因此一听说他要举办这次盛况空前的演讲，很多人慕名而来，前来听演讲的人把演讲大厅围得水泄不通。但是，当台下的人们静静地等待聆听这位老者的演讲时，他却站在台上一言不发，人们疑惑不解，后来，老先生邀请了两名台下的听众一起上台来和他做一个游戏。人们更是不解了，不是来听演讲的吗，怎么变成做游戏了呢？

只见这位老先生拿起一把大铁锤，对着早已准备在台上的一个大铁球敲了一下，并告诉大家游戏的目的就是要把铁球敲动起来。他让那两个年轻人按照他刚才的示范再做，可是无论他们怎么做，那个大

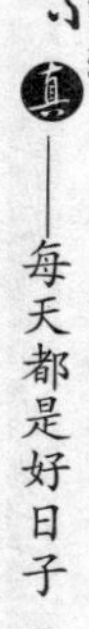

铁球就是一点动静都没有。最后，他们放弃了。台下的人也都好奇地看着，虽然还是有一些人想到台上去试一下，结果都是无功而返。正当人们纳闷的时候，只见老先生从自己的口袋里拿出了一把精致的小铁锤，对着铁球一丝不苟地敲打了起来。人们更有些摸不着头脑了，刚才用那把大铁锤使劲敲都不管用，更何况这个小铁锤呢？这岂不是在白费力气吗？时间一分一秒地过去，台下大多数的人失去了耐心，好多人甚至开始退场了。面对有些混乱的场面，这位老先生却不为所动，在台上继续用他那个精致的小锤敲打着那个看似巨大无比的铁球。

将近一个小时过去了，台下的观众所剩无几了，突然坐在最前排的一位观众大叫起来："铁球动了！"还在场下等待的听众都兴奋地欢呼雀跃起来，这个时候，老先生开口说话了："怎么就剩下这么少的人了呢？看来人们都不喜欢等待，其实在我们的人生之路上，如果你没有足够的耐心来等待，那么你永远都不会成功，你将会用一辈子去承受你自己因为不耐心而造成的遗憾！"

老先生接着说道："法国思想家罗曼·罗兰曾经说过：'最可怕的敌人，就是没有坚强的信念。'成功的道路总是坎坷的，每个人都会在这条坎坷的路上经历风雨，经历那数不尽的孤独、落寞。在我几十年的营销生涯中，只有我自己知道，营销之路是一条充满坎坷和孤独的路。而现实生活中的人们，都只会关注已经成功了的人，殊不知成功者光鲜亮丽的背后，有多少不为人知的苦难处，谁又会去想他们曾经付出了多少的艰辛？其实，我一开始并不是做营销，我之前是在火车上做列车长，家人及亲戚朋友们都羡慕我有一个好工作，可以想去哪就去哪，但是我却一点都不喜欢这个工作，后来我不顾家人的反对，辞掉了那份工作。没有工作那段时间，家里家外没有一个人打电话跟我说一些鼓励之类的话，让我真切地感受到了世间所有的孤独。有一年夏天，我独自一人出去旅行，每天形单影只，看着路边满眼闪烁的温暖的灯光，却没有一盏是为我而亮的。那样的日子，不是我说出来你们就能明白的，当时我时常会有一种强烈的孤独感，让我透不过气来；有时候我会想，这么一片广阔的天地，怎么就没有我的容身之处呢？最终，我痛下决心，一定要做出一番成绩来证明我自己，这样我才能超越孤独落寞，超越平凡，让自己看起来不再那么渺小。

“万事开头难，每一个成功者的背后都会有一段令人刻骨铭心的辛酸的奋斗史，我自己也不例外。成功的路上总是会有太多的难处，这个时候我们一定要坚持自己的信念，如果你中途放弃了，你也许能过得很安逸，觉得平平淡淡没什么不好，这没有错，每个人都有权利选择自己的生活方式。但是，我却不甘心。所以，再苦再难我都要坚持，因为我相信自己一定可以成功。我也同样坚信台下在座的每一个人，你们都是会发光的金子，只要坚定不移地坚持自己的信念，不怕孤独，相信自己一定可以成功，那么再大的困难都不会让你们放弃自己的信念。”

老先生的演讲太精彩了。他的成功真是来之不易，其实任何一个最终能够实现梦想的人又何尝不是如此？每个人的成功之路不会是一帆风顺的，所以，只有以积极的心态努力去拼搏，才不会被挫折打

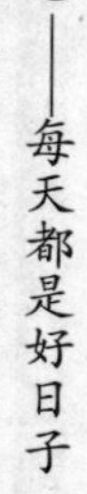

倒。任何人都有面临困难与逆境的时候，关键是看怎样对待。有的人在逆境中永远持消极态度，最终只能做一个失败者；而有的人却能够积极地面对逆境，冲出重围，最终走向成功。

1918 年，高尔文从部队复员回家，他办起了一家电池公司。可是无论他怎么卖劲折腾，产品依然打不开销路。有一天，高尔文离开厂房去吃午餐，回来见大门上了锁，公司被查封了，高尔文甚至不能再进去取出他挂在衣架上的大衣。

1926 年，高尔文又跟人合伙做起收音机生意来。当时，全美国估计有 3000 台收音机，预计两年后将扩大 100 倍。但这些收音机都是用电池作能源的。于是他们想发明一种灯丝电源整流器来代替电池。这个想法本来不错，但产品却打不开销路。眼看着生意一天天走下坡路，他们似乎又要停业关门，高尔文只好另辟蹊径，他通过邮购销售办法招揽了大批客户。手里有了钱，他开始办起了专门制造整流器和交流电真空管收音机的公司。但是不出 3 年，高尔文又破产了。此时他已陷入绝境，然而他一心想把收音机装到汽车上，尽管有许多技术上的困难有待克服。

到 1930 年底，高尔文的制造厂账面上已净欠 374 万美元。在一个周末的晚上，他回到家中，妻子正等着他拿钱买食物、交房租，可他摸遍全身只有 24 美元，而且全是赊来的。

然而，经过多年的不懈奋斗，如今的高尔文早已腰缠万贯，他盖起的豪华住宅就是用他的第一部汽车收音机的牌子命名的。可见，跌倒了再站起来，掸掸身上尘土再上场一拼的人，会在事业上获得成功。

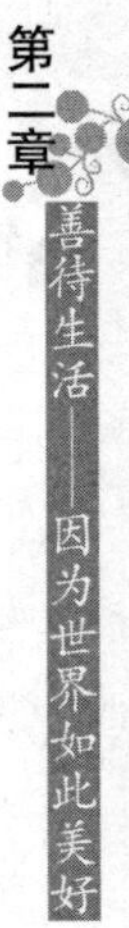

很多人自认为时运不济，但这只是人生旅途中的一段灰暗路程，人人都可能遇到，只不过有些人遭遇的时间短一些，有些人遭遇的时间长一些。然而，一辈子没有遭受过逆境的人是很少的。

了解了那些已经成功的人我们不难发现，他们之所以有很好的机遇及结果，是因为他们有坚持不懈的恒心。成功的前提是做事必须要坚持，越是困难的时候越不能放弃，只要你善于坚持，善于“挺”过生命的低谷期，那么“咸鱼翻身”的机会就会来到你的身边，成功也会向你招手的。

所以，既然逆境是不可避免的，那么，就让我们从逆境中找到不放弃的动力吧，让坚持、努力将我们推向成功。

积极思维方式决定了你的心情

一位心理学家曾说："不快乐是目前人们心境的普遍状况。我们必须改变这种状况，让人们知道，快乐是可望而且可及的，并且获得快乐也绝不是一件很复杂的工作。只要渴望快乐，只要愿意为此努力，只要把握和实践正确的方法，就一定能成为一个快乐的人。"

一场大水冲垮了一个女人家的泥屋，家具和衣物都被卷走了。洪水退去后，她坐在一堆木料上哭了起来：为什么她这么不幸？以后该住在哪儿呢？镇里的表姐带了东西来看她，她又忍不住跟表姐哭诉了一番，没想到表姐非但没有安慰她，反而斥责起她来："有什么好伤心的？泥房子本来就不结实，你先租个房子住段时间，再盖砖瓦的不就好了!"

故事中的女人就是生活中的悲观者的代表，这类人遇事总是拼命往坏的一面想，自找烦恼，死钻牛角尖，不问自己得到了什么，只看自己失去了多少，结果情况越来越糟糕，心情越来越低落。其实任何事情都有坏的一面和好的一面，如果能从积极的方面看问题，那么就会有一个截然不同的结果，做起事来也就会更加得心应手。而做到了这一切，正如叔本华所言："事物的本身并不影响人，人们大多是受到对事物看法的影响！"

二次大战期间，有一个犹太女人，眼睁睁看着德国纳粹党把她三个月大的小婴儿摔死，并把她和她丈夫关进集中营里，从此两地相隔，不通音讯。她在集中营里受到惨无人道的虐待，德国兵动不动就把她打得血流满面，她过着地狱般的生活，未来一片黑暗。

有一天，她突然看到房间外面走过一个小女孩，拿着一朵花。当时她想道："有朝一日，我也要拿着一朵花，在外面的世界走来走去！"就是这个小小的心愿，使她重新点燃了生命的火花，坚强地活下去。终于在三年后，德国战败时，她离开了集中营，跟自己的丈夫团圆了。

可见，身处劣势绝境，以正面的想法去接受，并积极发掘其中有利的东西，那么坏事也可能变成好事。有些情况虽然看起来十分糟糕，但是如果能换一种思维方式，换位思考一下，也许事情就会为我们呈现出与原来截然相反的另一种面目。所以，遭遇困境，不要只是痛苦和抱怨，不妨换个角度看看，并培养乐观的心境，养成快乐的习惯，努力寻找机遇，困境就会过去，生活又会变成持续不断的盛筵。

"不要计算已经失去的东西，数数还剩下的东西。"这是英国哥特曼博士的一句名言。这句话同样也是告诉我们人一生的所有一切结果，均是因人的思维而决定的。

例如，携带500美元出门，可能其中300美元在途中丢失。如果是一个悲观主义者，就会动辄想起已经丢失的300美元唉声叹气。一

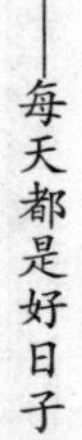

路上后悔、懊恼的情绪总是困扰着他。如果想“不错，还剩了200美元呢!”“要是一分不剩，那不是干着急吗?”这就是乐观心态。

心理学家指出，习惯于运用哪一种思维方式，决定你的人生是灰暗、忧郁还是明朗、愉快。所以，不论在何种情况下，运用积极思维方式会决定你是乐观的，你对生活会比较大度、宽容；相反，原本是非常幸运的人，会因为消极的思维方式总认为生活不满意，总带有愤愤不平的态度。

所以，肯定一切并积极向前进取，这种思维方式是保护你自己不受困扰、不受伤害的强大武器。任何人只要拥有了这一武器，就能够在人生的各种各样的考验中获取胜利。

一位名闻遐迩的老人被电视台节目主持人作为特约嘉宾邀请来参加活动。他确实是一个非常杰出的老人。他的讲话完全没有经过特别的准备，更没有经过任何排练。这些讲话与他的个性是完全一致的，他精神矍铄、容光焕发、充满快乐。无论他想说什么，他都毫不掩饰，而且思维敏捷。他机智幽默，演讲内容让听众一会儿群情激动，一会儿又捧腹大笑。大家都非常喜爱他。每次做节目，他都给人以深刻印象，他也和其他人一样感到特别的兴奋。

最后，节目主持人问这位老人，为什么总是这样高兴：“你一定有什么特别的让自己快乐的秘密。”

“不，没有，”老人回答说：“我没有什么特别的秘密。每天早上起床的时候，我告诉自己有两种可能的选择：要么快乐，要么不快乐，你想我会选择什么呢？当然，我会选择快乐，这就是全部的秘密所在。”

这位老先生是智慧的，这也验证了中国古人说过的“境由心造”的道理。

确实，不管你生活中有哪些不幸和挫折，你都应以乐观的态度微笑着对待生活。当你在生活中遭遇不幸的时候，你改变不了环境，但你可以改变自己，让自己想办法脱身于逆境。所以，改变思维很重要。

英国作家萨克雷有句名言：“生活是一面镜子，你对它笑，它就对你笑；你对它哭，它也对你哭。”世间没有绝对的好事，也没有绝对的坏事，换个角度去观察思考，就会发现事实远没有想象中的那样糟糕。在生活中，无论面对的情况是好是坏，人都要抱着积极的态度，莫让悲观占据我们的心灵。我们必须记住：面对厄运，只要抱着乐观的心态，一切都会朝好的方向转变。有了好的心态，就可能有好的生活。因为心态好，一切都会好。

苏东坡在被贬谪到海南岛的时候，岛上生活孤寂落寞，与当初的宾客如云相比，简直判若两个世界。但苏东坡却认为，宇宙之间，在孤岛上生活的，也不只有他一人；大地也是海洋中的孤岛！就像一盆水中的小蚂蚁，当它爬上一片树叶，这也是它的孤岛。所以，苏东坡觉得，环境不重要，自己适应最重要，同时自己快乐最重要。于是，每当吃到当地的海产，苏东坡都庆幸自己能到这座岛上来。他甚至想，他是多么幸运，竟能享受如此的美食。

所以，凡事往乐观方面去想，就会觉得人生快乐无比。人生没有

绝对的苦乐，再苦的事也要向乐观方面去想，这样就能够转苦为乐、转难为易、转危为安。

面对阳光，你会看不到阴影；而积极的人生观，就是心里的阳光！

第三章

不和自己『对着干』——爱生活更爱自己

要有一颗品尝幸福的心

生活中不是缺少美，而是缺少发现美的眼睛；生活中也不是没有幸福的存在，而是缺少真正驻足品尝幸福味道的心。是这样的吗？我们来看一个小故事：

从前有个小和尚很喜欢夕阳落山的景色，天天爬上山顶去观看。

一天，他看着看着忽然哭了起来。一个老和尚问他为什么哭。

小和尚说："夕阳落山的景色实在太美了，可是不管怎样，我都不能把它留下。"

老和尚听了哈哈大笑起来。他说："太阳每天都会升起落下，明知不可留，那又何必强留呢？"

是啊，明知不可留，又何必强留呢？

有人说："愚人追寻快乐于远方，智者却把快乐种植在脚下。"这就是智者与愚人追求快乐时最形象而又最贴切的写照。决定一个人心情的，不完全在于环境，更主要在于心境。其实只要我们能够理解和把握好眼前的时光，或者能够有一颗品尝幸福的心，人生自然就会充满着幸福与快乐的味道。

宋代的慧开禅师写下了这样的话："春有百花夏有月，秋有凉风

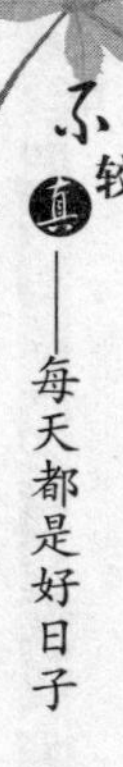

冬有雪；若无闲事挂心头，便是人间好时节。”也就是说当我们的心只要能够安住于所处的境遇，对自己的所得所失都能够坦然面对，不管是春花还是秋月，也不管是凉风还是冬雪，一切都是美好的。当然，在今天的现代生活中，真正能够做到这样境界的人却是少之又少啊！

中国有句谚语叫作“提起千斤重，放下二两轻。”就是告诉我们心中的负担才是人身上最重的负担，也是束缚人身上最严重的精神桎梏。

有个男子赚了一大笔钱，买了一栋三层楼的小别墅，欢天喜地开始了新的生活。

但是麻烦马上就出现了：夏天的酷热让人难以忍受。于是他请来建筑专家，希望能解决这个问题。

第一个专家看了后，建议他安装高性能的空调。但这个方法可行性不高，因为房子的面积很大，房间又多，安装空调，用起来电费实在太高了，不划算。

第二个专家建议他将所有的窗户都贴上隔热纸。男子接受了这个专家的建议，但实施后，效果并不显著。

第三个专家到男子家勘察一番后就告诉他：“只要把房子交给我一天，我就可以解决你的困扰，而且费用不高。”

男子半信半疑，但答应了，把钥匙给他了。

傍晚，他打开家门，原以为会和往常一般闷热，哪知道房间却凉快了许多，静下心来，还能感觉徐徐微风吹拂在脸上。

男子好奇地询问专家："您究竟做了什么？怎么会有这么大的改变？"

专家说："其实很简单，我只是在屋子的最高处和最低点，各加装一扇窗户，让空气对流罢了。"

男子非常惊讶："这么简单？"

"就是这么简单！"专家微笑地说，"排解热气最好的方法，就是让它们找到出口！"

是的，有时候我们的心就像一间封闭的房间，里面装满了种种烦恼，比如，失去所爱的悲伤，实现不了愿望的痛苦，等等，这些东西在没有窗户的心灵里，找不到出口，让人心情烦躁，即使我们身处安装了空调的房间里，即使我们给房间加上添上隔热纸，都是治标不治本的方法，因为这些负面情绪仍藏在心中，经久不散；只有找到出口，才能真正让心中烦恼跑出去。

很多人想尽方法排解自己的坏心情，比如借酒消愁，比如大吃大喝，比如疯狂购物，但这一切的一切，都解决不了"坏心情"。其实我们都忘了最简单也最有效的方法：在心房中多开"几扇窗"，把不好的"空气"排除掉，让新鲜空气有机会进来。而这些窗户的名称，就是乐观。放下心中所有的不快，让快乐的心情不断更新，使自己神清气爽地过好每一天。

万物的枯荣有其规律，花儿不会因为人们的喜爱而常开，月亮也不会因为人们不满而不缺。自然的法则是博大的，也是残酷的，繁荣也好，枯萎也罢，随着时间的流逝，该怎样就会怎样。人生在世，美

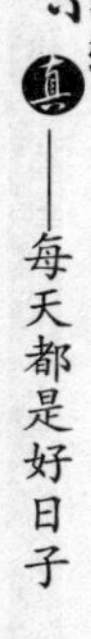

貌、权力、财富、名誉都不过是过眼烟云，人应该学会快乐地生活，而越是刻意的追求反而越会被其所累，让外物迷失了自己的双眼。

药山惟俨禅师是唐代著名禅宗大师，他与许多高僧一样，善于从眼前小事物入手，启发弟子们的悟性。

有一次，惟俨禅师带着两个弟子道吾和云岩下山，途中惟严禅师指着林中一棵枯木问道："你们说，是枯萎好呢，还是茂盛好？"

道吾不假思索地回答："当然是茂盛的好。"

惟俨禅师摇摇头道："繁华终将消失。"

这一来，答案似乎已经明确，所以云岩随即转口说："我看是枯萎的好。"

谁知惟俨禅师还是摇了摇头："枯萎也终将成为过去。"

这时，正好有一位小沙弥从对面走来，惟俨禅师便以同样的问题来"考"他，机灵的小沙弥不紧不慢地答道："枯萎的让它枯萎，茂盛的让它茂盛好了。"

惟俨禅师这才颔首赞许道："小沙弥说得对，世界上任何事情，都应该听其自然，不要过度执着，这才是修行的态度。

白居易有一首诗说得好："蜗牛角上争何事？萤火光中寄此身。随富随贫且欢乐，不开口笑是痴人"。人生在世，得不到的会是太多太多，若执意为之，虽"咫尺"亦"千里"了。

活在“当下”，享受“当下”

佛家讲顿悟，认为人的得道在于一瞬间。这一瞬间就是当下——不是过去，不是未来，而是现在。引申至我们，即一个人不应该停留在过去，也不可能生活在未来，而是要活在“当下”。

诚然，每个人都对未来充满憧憬，也很怀念过去的美好。有一些人，容易沉浸在过去，总是感叹当初该这样不该那样，时间就在唏嘘感慨中悄然而逝；也有些人，爱憧憬未来，于是让时间在幻想中偷偷溜走了。结果，这两者都一事无成，因为他们都忽视了一个要点，那就是，放弃了“当下”。

从前，有一位将军，被三个问题困惑，于是乔装打扮成一名平民，上山去找禅师以求开解。

将军找到禅师时，禅师正在菜园里锄地，将军上前说道：“我有三个问题希望得到您的开导：一是最重要的事情是什么，二是什么时候做事最好，三是谁是最重要的共事的人?”

禅师并没有立刻回答，只是继续锄地。将军见禅师年老体弱，便接过锄头替他锄，然后说道：“若您不回答，我只好返回。”

就在此刻时，闯入一个身受重伤的人，将军为他包扎好，和那人同

时留宿在庙内。第二天，那人醒来，看到将军便请求原谅：“在一次战争中，你杀我兄弟，夺我钱财，我发誓要杀你。昨天得知你乔装上山，于是便埋伏在途中，不料被你的手下重伤，本想必会丧命，却蒙你救我一命，从此，咱们互不相欠。”将军没有想到多年来的恩怨就这样被化解。

在离开寺庙之前，将军再次问了禅师那三个问题，禅师道：“我已经解答了。”将军非常疑惑。

禅师解释道：“如果昨天你没有替我锄地，而是当时返回，在路上难免遭到袭击，所以，锄地之时是你最重要的时间；后来如果你没有救那人，他便会丧命，就不能与他和好，因此，他就是最重要的人；而最重要的事是你照看他。所以，人最重要的时间莫过于“当下”，因为它是人唯一能支配的；最重要的人便是“当下”与你在一起的人；而最重要的事就是当下你及身边的人都快乐。”

将军听后顿时大悟，欣然下山。

生活中随处可见这样平凡的家庭，这样的场景：妻子在厨房里洗碗，丈夫坐在沙发上看报——这是一幅非常常见的画面，也许正因为它的常见，尽管很多做丈夫的都在享受这种美好的生活，但他们都丝毫没有意识到平凡之下的温馨。还有些人的注意力都集中在追求不平凡的生活上了，认为拥有高档的车子、豪华的房子、巨大的财富、显赫的权势，才是生活的目的。为了达到这个目的，他们穷尽一生心血，付出巨大的艰辛、承受重重的压力，身心疲惫，到头来认为最平凡也是最快乐的时光都没有享受过。其实，每个人过好“当下”，就是拥有了平凡而快乐的生活。

夜色中，法演禅师和三位弟子佛果、佛眼、佛槛在一座亭中聊天，三位弟子禅功不相上下，都很得法演的赏识。夜气已凉，几人回寺休息，归途中，忽然一阵风吹过，把灯笼吹熄了，四周一片昏暗，法演不失时机地对几位弟子说："说出你们此刻领悟的心境吧。"

话音刚落，佛槛答道："彩凤舞丹霄，黑暗和光明并没有分别，此刻即使伸手不见五指，于我而言，也像是五彩斑斓的凤凰翩翩起舞于红霞明丽的天空。"

佛眼说："铁蛇横古路，只要心地空明，没有什么能阻止向前的脚步。"

佛果轻轻说："看脚下。"

法演叹道："能够胜过我的，只有佛果。"

这个故事说明在人生的道路上，人不能只沉迷于路边的风景而迷失了自己前进的方向，每一步都须看脚下，踏踏实实走好，这样才能走向成功的康庄大道。

在一个美丽的海滩上，有一位年近七旬的老人，每天坐在一块固定的礁石上垂钓，不管是刮风下雨，还是烈日当头，他都会来到这里，风雨无阻；此外，他也不管运气怎么样，钓多抑或钓少，两个小时的时间一到，他便收起钓具，扬长而去。

老人的古怪行为引起了一个年轻人的好奇，终于有一天，年轻人忍不住走了过来，问他："当您运气好的时候，为什么不索性钓上一天，这样一来，就可以满载而归了！"

老人平淡地反问道："钓那么多鱼干什么?"

"卖钱呀!"年轻人觉得老人非常傻。

"得了钱又干什么呢?"老人仍然平淡地问。

"买一张大网，你就可以捕更多的鱼，卖更多的钱。"年轻人迫不及待地说。

"那更多的钱干什么?"老人还是那副无所谓的神情。

"买一条渔船，出海去，就能捕更多的鱼，赚更多的钱。"年轻人认为有必要给老人订一个规划。

"赚多了钱干什么?"老人仍是一副无所谓的样子。

"组织一支船队，赚更多的钱。"年轻人心里直笑老人的愚蠢。

"赚了更多的钱再干什么?"老人已准备收竿了。

"开一家远洋公司，不仅捕鱼，而且运货，来往于世界各大港口，赚更多更多的钱。"年轻人眉飞色舞地描述着。

"赚了更多更多的钱来干什么?"老人的口吻已经明显地带着些嘲讽的意味。

年轻人被这位老人激怒了，没想到自己反倒成了被问者："当然是为了享受生活!"

老人笑了："我每天钓鱼两小时，其余的时间嘛，看看朝霞，欣赏落日，种种花草蔬菜，会会亲戚朋友，优哉游哉，我已经在享受生活了。"说话间，老人打点"行装"准备回家了——因为，今天的两小时已经到了。

是的，这位老人垂钓不仅是为了钓鱼，更是为了享受钓鱼的乐

趣，是钓鱼又不是钓鱼。老人每天以一种悠闲的心态在海滩上垂钓，观朝霞，赏日落，这是一种多么令人向往的人生境界啊!

诚然，人生活在世界上，确实需要努力，确实需要奋斗，但是努力、奋斗只是生活的一部分，在努力、奋斗之余，还可以余出一些时间，享受"当下"的生活。

赚太多太多的钱的确很重要，因为能干很多事，但也不要因为去赚太多太多的钱，忘记了生活中最重要的是什么。人不能走得太远太远，而忘记了活着的意义，所以品味"当下"生活十分重要。

生活中不能迷失自我

生活中，很多人都没有弄明白自己活着到底想要什么，或者说，没弄明白自己活着的真正目的，于是，随波逐流者有之，隔三岔五烦恼者有之、遇痛苦不能摆脱者有之、觉得天天挣扎者有之；总之，觉得生活亏待了自己。

春末时节，仰山禅师辞别老师沩山禅师下山去了，夏天即将结束的时候，仰山禅师上山向老师问安。

沩山禅师关切地问弟子："你这个夏天过得怎么样？干了些什么呢？"

仰山禅师恭敬地回答说："老师，我自己在山下开垦了一块土地，播撒了种子，就等着收获了！"

沩山禅师赞许地点了点头："很好，你这个夏天没有白过啊！"

仰山禅师也问道："老师，您这个夏天都干了些什么呢？"

沩山禅师笑着回答说："这个夏天我可没有做什么，就是按时吃饭，按时睡觉。"

仰山禅师高兴地说道："老师，您这个夏天也没有白过啊！"

沩山禅师哈哈大笑。

是的，只要认真对待每一天，努力做好每一天，便算是没有愧对生活。

有一项调查表明，人从25岁到70岁，一生有七次机会可以改变命运，25岁时，年纪太小，容易失去机会；70岁时，年纪太老，也难以把握住机会，剩下的五次，由于种种原因，也可能错过两次，那么整个一生还可能有三次改变命运的机会，那么，你是否能抓住这改写命运的三次机会呢？

1976年的冬天，19岁的保罗在美国休斯敦太空总署的太空核试验室里工作，同时也在总署旁边的休斯敦大学主修计算机专业。但是保罗非常酷爱音乐，即使工作和学习再忙再累，只要有一分钟的时间，他也会进行音乐创作。

保罗自己不擅长写歌词，于是他找了一个叫斯密特的女生帮他写歌词。斯密特写的歌词充满了灵气，让保罗爱不释手，他们一起创作了许多优秀作品，直到今天，保罗仍然认为这些作品充满了特色与创意。

一个星期六，斯密特邀请保罗去她家参加晚宴，席间斯密特问保罗："想象一下，你五年后会做什么？"

保罗愣了一下，略作思考，正准备回答的时候，斯密特又说："别急着回答，你先仔细想想，确定后再说出来。"保罗沉思了几分钟，然后说道："第一，我希望五年后我会发行一张很受欢迎的唱片，可以得到许多人的肯定。第二，我要生活在一个有很多很多音乐的地方，能天天与世界一流的乐师一起工作。"

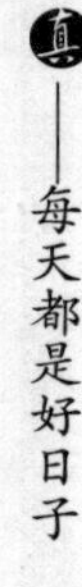

斯密特说：“你确定了吗？”

保罗回答：“是的，我确定。”

斯密特接着说：“好，既然你确定了，我们就把这个目标倒算回来。如果第五年，你要发行一张唱片，那么第四年你一定要跟一家唱片公司签好合约；进而第三年一定要有一个完整的作品，可以拿给很多很多的唱片公司试听；那么第二年，你一定要开始录制作品；而第一年，你一定要把你所有准备录音的作品全部编好曲，排练就位准备好。到了第六个月，你必须把那些没有完成的作品修改好，并且逐一进行筛选。而第一个月就是要把目前这几首曲子完工。那么第一个礼拜就是要先列出清单，找出哪些曲子需要修改，哪些需要完工。好了，我们现在已经知道你下个星期一要做什么了。”

第二年，保罗辞掉了令许多人羡慕的太空总署的工作，离开了休斯敦，搬到洛杉矶。说也奇怪，不敢说是恰好第五年，但大约是第六年——1983 年，保罗的唱片开始畅销起来。

现实中，很多人过着过着就迷失了自我，把宝贵的时间白白浪费掉。还有人认为，生活是一个漫长的过程，相对于漫长的一生而言，一天的时间只是沧海一粟，实在是太短了，浪费掉一天，实在是没什么大不了。更有人认为，今天心情不好，无所事事一天，没关系，还有明天呢，明天还是心情不好，再浪费一天，仍然没什么大不了。很多人认为“明日复明日，明日何其多”，殊不知“我生待明日，万事成蹉跎。”“世人苦被明日累，春去秋来老将至”。“朝看水东流，暮看夕日坠。百年明日能几何”。人如果天天想着“明天吧，明天再做”，那么只会空度时光，永远一事无成，被“明日”害了。明日确实是无穷无尽的，但人年纪也会越来越大。所以，千万不要在明日中迷失自我。

当你暂时没有目标，暂时看不清前方的道路或感到困惑的时候，应该静下心来问问自己：五年后你“最希望”自己做什么？瞬时倒推，就可让自己的人生有明确的规划和可行性，这样在生命行走中才不会因为暂时没有目标迷失方向，也不会因为暂时没有目标而踌躇不前。

当然，设定超越自我目标容易受人生方向的影响，一开始可能不是很大。但是如果没有明确恰当的目标，那就像航行在大海里的巨轮，虽然航向只偏了一点点，一时很难注意，可是在几个小时或几天之后，便可能发现船会抵达完全不同的目的地。所以，人一定要设定清晰的目标，即使只是短期的目标、暂时的目标都可以，在设定清晰的目标时，要尽量发挥自己最大的潜力，这样才能让自己有正确的方向，在前进时不迷失目标。

人蕴含着无穷的能量和宝藏

西方有一句谚语："如果一个人知道自己想要什么，那么整个世界都会为之让路。"同样的道理，如果一个人不知道自己应该站在哪个位置，不知道自己想要的究竟是什么，那么全世界都会成为他前进道路上的阻碍。所以，真正限制、阻碍、埋没自己的，永远只会是自己。

白云守端禅师在杨岐方会禅师那里参禅，久久不悟，杨岐方会禅师见状，很想予以开导。

一天，杨岐方会禅师问白云守端禅师以前拜谁为师，白云守端禅师回答："柴陵郁禅师。"

杨岐方会禅师又问："我听说柴陵郁禅师因跌了一跤而大悟，还写了一首诗偈，你知道吗？"

白云守端禅师说："是的，那诗偈是这样的：'我有明珠一颗，久被尘劳关锁；今朝尘尽光生，照破山河万朵'。"

杨岐方会禅师听后，大笑数声，一言不发地走了。白云守端禅师怔坐在当场，不知道师父为何大笑，心里非常愁闷，一整天都思索着师父的笑，却找不出任何足以令师父大笑的原因。到了晚上仍然辗转反侧，无法成眠，最后竟苦苦地参了一夜。

第二天，白云守端禅师实在忍不住了，大清早就去请教师父：“师父昨听到茶陵郁禅师的诗偈为什么大笑呢？”

杨岐方会禅师说：“想笑就笑了。”

白云守端禅师因杨岐方会禅师的几声大笑否定了自己，这是不自信的表现。人不自信，心性就不定，就好像水面上的浮萍，随风飘来荡去，始终没有自己的方向。

回观柴陵郁禅师的诗偈：“我有明珠一颗，久被尘劳关锁；今朝尘尽光生，照破山河万朵。”其实我们每一个人都有一颗明珠，即我们的本性，它蕴涵着无尽的能量和宝藏，无比珍贵，但是我们大多数人都被欲望遮掩了本性，让明珠的光芒被烦劳、苦痛覆盖了。所以，如果我们能够止欲息妄，反观自心，重新认识自己的本性，明珠就会放射出万丈光芒。

观照自性，这虽是非常重要的禅机，但实则也说明了一个普通的真理，那就是彻底地认识你自己，彻底认识自己的心。

古人说：“看山是山，看水是水，然后看山不是山，看水不是水，到了最后看山还是山，看水还是水。”这说的是因为人们开始所见都是表象，只有探得实质，境界到了才能是看见真相。人反观自身，亦复如是。

缘，无处不有，无时不在

佛家讲究缘，但何为缘？简单说来，“有可能”即有缘，“无可能”即无缘。缘，无处不有，无时不在。你、我、他都要依靠“缘”发生联系。俗话说：“有缘千里来相会，无缘对面不相识”。万里之外，异国他乡，陌生人对你哪怕是相视一笑，也便是缘。也有的双方虽心仪已久，却相会无期。缘，有聚有散，有相见之缘，也有不见之缘。缘，有始有终，也有始无终。所谓“天下没有不散的筵席”，缘是一种存在，一个过程。

大千世界芸芸众生，可谓是有事必有缘，像喜缘、福缘、人缘、财缘、机缘、善缘、恶缘等，缘也有很多种。万事随缘，顺其自然，不仅是禅者的态度，也是常人快乐人生所需要的一种精神。佛经说：人生有所求，求而得之，我之所喜；求而不得，我亦无忧。若如此，人生哪里还会有什么烦恼可言？

有个人到寺庙里去玩，他看见菩萨高高地坐在上面，就问道：“请问菩萨，您在想什么？”

菩萨说：“我什么也没有想。”

不太可能吧，你怎么不想事呢？

菩萨笑了，“我真的什么也没想，因为我不受外界情况变化的影响。我的心明静似水，清澈见底。而人所谓的七情六欲，是见到喜欢的东西就高兴，失去喜欢的东西就悲伤。但于我而言，这些都是身外之物。比如，我该劳作时劳作，当休息时休息，心情永远快乐，宗旨永远助人为善，因而不再去想什么。

古人说：“日出江花红似火，春来江水绿如蓝。”“山寺月中听桂子，郡亭枕上看潮头。”自然和生命给予我们很多，如果你心态好，生活处处皆美好，如果心态消沉，看什么都会不顺眼。

小和尚看见草地一片枯黄，对师父说：“师父，快撒点草籽吧，这草地太难看了。”

师父说：“不着急，有空了我去买一些草籽，什么时候都能撒，急什么呢？

中秋时节，师父把草籽买了回来，给小和尚说：“去吧，把草籽撒在地上。”

小和尚兴高采烈地说：“撒了草籽，不久就能长出绿油油的青草了！”

起风了，小和尚一边撒，草籽一边飘。“不好了，不好了……好多草籽都被风吹跑了！”小和尚喊道。

师父说：“没关系，吹走的都是空的，撒下去也不会发芽，担心什么呢？随性！”

草籽撒好了，飞来了许多麻雀，专吃地上饱满的草籽。小和尚看见了，惊惶地说：“不好了，草籽都被麻雀吃了，这下完了，完了！”

师父说："没关系，草籽多，小鸟是吃不完的，明年这里一定还会有小草的，你就放心吧，随意！"

夜里哗哗啦啦下了一晚上的大雨，小和尚担心草籽会被冲走，一直不能入睡。第二天天刚亮，他早早地跑出了禅房，果然地上的草籽都被大雨冲走了，他马上跑进师父的禅房说："师父，昨夜一场大雨把地上的草籽都冲走了，怎么办呀？"

师父不慌不忙地说："不着急，草籽被冲到哪里，它就在那里发芽，随缘！"

过了没多久，小草破土而出，原本没有撒到草籽的一些角落里居然也长出了许多青翠的小苗。

小和尚高兴地对师父说："师父，太好了，小草长出来了！"

师父点点头说："随喜！"

好一个随时、随性、随意、随缘、随喜的老和尚，他对生活有着多么透彻的认识啊！这是真正的大彻大悟啊！

随缘，是一种举重若轻、游刃有余的潇洒风度；是"知其为，知其不可为"时的果断坚持和放弃态度；是审时度势、机智灵活的为人处事态度；随缘是一种心态，也是一种意境。人生如若能够保持"万事皆缘"、"随缘自适"的心态，学会控制自己的情绪，不大喜大悲，不大怒大嗔，这个世界将会多么祥和、恬静啊，而展现在我们眼前的又该是一幅多么美丽的世界！

心无外物，人生才会更美好

有一个禅师出远门，走了很远的路，又冷又饿，路过一户人家，闻到里面传来阵阵饭菜香味，于是他就走进去说：“我能把破了的针鼻补好，只是我现在饿得没有一点力气了，只要你给我一些吃的，我给你看看我的手艺。”

那家人听了，没有一个人相信禅师所说的话，但又感到非常好奇：“我们倒要看看你是不是真有这样的本事！”

于是他们把禅师请到了饭桌边，禅师毫不客气地饱餐了一顿，吃饱喝足之后一本正经地说：“好了，现在我有力气了，你们赶快把掉了的那半边针鼻拿来，我要动手修补了。”

那家人你看看我，我看看你，没想到禅师会出这样一个难题，愣在那里想不出应对的办法，已经掉了的针鼻那么小，谁还会保留它？于是说道：“针破了，谁还会找得到针鼻？你这不是故意捉弄人吗？”

禅师说：“我的确会补，并没有捉弄你们。是的，针鼻太小，但如果是个很大的东西，你们会不会也丢弃呢？”

那家人说：“不见得丢弃，要看是什么。”

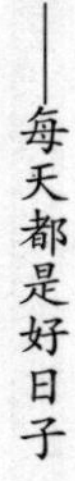

禅师说："为了感谢你们的盛情款待，我送你们一句话吧：正确对待舍与得，就不会有烦恼。

很多时候，人们苦心经营孜孜以求的东西，就像"坏了的半边针鼻"，针鼻原本是完整的，坏了之后由于太小，很多人会丢弃，但如果是个很大的东西，就会让人万般不舍，即使是无任何用处的破铜烂铁，仍当宝贝一样收藏着，舍不得丢弃。很多人因为"不舍"，于是阻碍自己获得另一个"新针"。所以，适时放弃没有价值的东西，会让自己更加轻松。

苏东坡曾赠诗与其弟云："人生到处之何似，恰似飞鸿踏雪泥，泥上偶然留指爪，鸿飞哪复计西东。"也就是说人生的很多东西本是雁过无痕，没有什么是永恒的，就像沧海变桑田，多少年过去，山峦都可以夷为平地，大海可以成为陆地，还有什么是永恒不变的呢？历史上很多曾经风光无限不可一世的人，历史上很多曾经轰动一时的事件，过了几百年，几千年，就像泥地里留下的指爪，哪一件不随着时间流逝而变淡，让人忘记呢？所以，人的生活就应像远去的飞鸿，展翅翱翔，不为已经过去的事物牵绊。

那么，如何做到心无外物呢？

第一，去除贪欲之心。

古人说："海纳百川，有容乃大；壁立千仞，无欲则刚。"人的欲望是可以无限扩大永无止境的，一个愿望满足了，下一个愿望又来了；小的欲望实现了，大的欲望又产生了。这样，一个个无休无止的欲望把人们弄得疲惫不堪，永远得不到快乐。所以，戒欲或把欲望控制在最低、最小，是人寻找到快乐的最好办法。

第二，去掉傲慢之心。

傲慢是仁者之心的缺失。具体表现为，对人趾高气扬，做事张扬浮夸；走起路来，横冲直撞；说起话来，旁若无人，夸夸其谈，内心深处认为“老子天下第一”。

怀有傲慢态度的人不仅给别人带来不悦，也为自己带来不好的影响。傲慢者可能丧失朋友，丧失事业，也正因此，他们永远找不到快乐。泰戈尔说：“除非心灵从偏见的奴役下解脱出来，否则就不能从正确的观点来看生活。”就是告诫人们放弃傲慢，才能彻底认识自我，找回自我，平等待人，享受真正平和的生活。

第三，去掉自卑之心。

黑格尔说：“自卑往往伴随着怠惰，往往是为了替自己在其有限目的的俗恶气氛中苟活下去做辩解。”是的，自卑只能阻碍成功向自己走来的步伐。自卑的人常认为生活辜负了他。其实，生活不会偏袒任何一个人，但如果人有自卑心理，就会落后于人。

第四，去掉懒惰之心。

懒惰之心也是人之常情。很多人明日复明日，明日何其多，让宝贵的时间匆匆溜走。时间对每个人都是一样的，不会增多，但会减少，因为人的生命是有限的。所以，只有战胜懒惰，勤奋地去努力，才可能为自己开创灿烂的人生和美好的未来。

第五，去掉狭隘偏见之心。

狭隘和偏见，是人与人之间产生隔阂的根源。人只有心胸宽广，远离狭隘、偏见，才能建立人与人和谐、人与社会的和谐意识。而人一旦消除了狭隘、偏见之心，不但会使自己快乐，还会将自己的快乐分享给朋友、家人，甚至陌生人。

常怀感恩，生命才有意义

佛经说：“心中有爱，心存慈悲，与人为善，常怀感恩。”这既道出了人生的真谛，也说出了我们的人生其实不是赢在争名逐利上，而是赢在有真实的情感和正确的信仰上。一个人只有懂得爱和感恩，才能真正称得上有做人的资格，也才能体悟到人生的乐趣。

爱可以充实人生，提升性灵，美化世界和宇宙；人离开了爱，就不会有“真”，不会有“善”和“美”。爱是人类最真实、最普遍、最永恒的情感。放眼看那无际的星海，深邃、和谐；向阳、迎露的草木；舐犊、反哺的深情；鸟语花香的春意……到处都展示着爱，显示出生命的奥秘，充满着和谐、活泼的生机。

老禅师救回一个轻生者，那人醒后，对老禅师说：“谢谢大师，但您不必费力救我，我已下定决心不再活了。今天不死，明天也还是要去了结的。”

老禅师叹了口气：“我确实制止不了你的行为，可是我想问问，你的债都还清了吗？”

轻生者感到很奇怪：“我虽然家境贫寒，但并不曾举债。”

老禅师缓缓开口：“你的生命来自父母，你便欠下父母的债；你

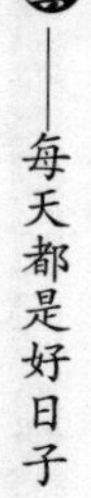

的知识自老师处学得，便欠下老师的债；你的吃穿用度均来自天地山川，便欠下天地山川的债。你这一辈子欠下的诸如此类的债实在是太多了，你都偿还了吗?”

轻生者惶然说道：“如此说来，我确实欠下了许多债，可如何才能偿还?”

老禅师笑笑说：“这有何难，做到两个字就足够了。”

轻生者仍然迷惑，说：“请大师指点。”

老禅师又是轻轻一笑：“感恩。”

沉思片刻，轻生者朝老禅师拜了几拜，转身出了寺门，精神抖擞地走了。

人生之路也许前途平坦，也许前途坎坷，但我们只要带着一颗感恩的心，就不会迷失前进的方向，不会沉沦于泥潭沼泽里而不能自拔。生命中最不可缺少的是爱和感恩，当一个人从爱自己、爱父母、爱丈夫、爱妻子、爱儿女、爱家庭，扩展延伸而为爱邻里、爱乡亲、爱同胞、爱众生……把爱心变得无限大时，就会胸怀宽广，就会懂得感恩，就不会斤斤计较于人与事、人与物的各种“不和谐”。

佛家有偈语：“滴水之恩，当涌泉相报”，“上报四重恩，下济三途苦。”就是说人应该有感恩思想，要感念上苍、他人的一切好意，要知恩图报。这上面报的四重恩是指一报父母之恩，二报老师之恩，三报国家之恩，四报大众之恩。

那么如何报恩呢？就是用爱心来回报。这种爱心不是一己之私爱，而是宽广博大的胸怀和无私无畏的奉献。

因为一个偶然的机缘，一个小沙弥得到了一粒神奇的种子，这是善之花，传说如果有缘人细心照料它，等到花开时人就可以悟道成佛。小沙弥虔诚地种下种子，这粒神奇的种子很快就生根发芽，长出两片长长的叶子，并且长得很好，生机勃勃。但是到了开花的季节，它仍然只是一片翠绿，没有任何开花的迹象。小沙弥心中并不烦恼，反而更加虔诚：太容易怎么可能悟出真正的道呢！

过了一年又一年，善之花依旧生长得很有生机，枝叶茂盛，但却没有开出任何花朵。这段时间内，周围环境却起了很大的变化，风沙日益猖獗，绿色日益稀少，水也越来越少，寺庙香火渐渐冷落。后来，寺庙里只剩下小沙弥一个人，他每天要走二十里路去化缘，走十里路去挑水。水井越挖越深，动物们很难喝到水，每次小沙弥挑着水往回走时，都有一群群乌鸦在他头顶盘旋乞水，他常常放下扁担，走远几步，静静地等乌鸦们喝好了再赶路，乌鸦们喝过水后，小沙弥还会用水浇灌路边仅有的几棵小草。

又过了一年，善之花终于长出一朵娇嫩的蓓蕾，随着时光的流逝日渐饱满。小沙弥看着光彩流溢的花瓣，嗅着沁人心脾的花香，心中无比高兴。环境日益恶化，风沙更大了，绿色更少了，但是善之花依旧很有生机，小沙弥仍然虔诚地每日照料着它。

一天晚上，寺庙来了一个在风暴中迷路的小男孩，男孩怀里抱着一只奄奄一息的瘦弱羊羔，小沙弥虽然有着慈悲的心肠，却无法挽救这只可怜的小羊。孩子一眼就看见在黄沙的衬托下突显碧绿的善之花，他的眼睛一下子就亮了，不好意思地说："师父，这只小羊羔，

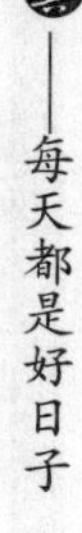

生下来就没吃过青草……"

小沙弥愣了，善之花的花苞已经开始慢慢绽放了，但看着羊羔，它眼睛里的神采一点点地黯淡下去，生命的气息愈来愈弱，小沙弥颤抖着双手把善之花递到羊羔面前，就在羊羔的嘴触碰到花瓣的一瞬间，善之花突然怒放。

佛经说："救人一命，胜造七级浮屠。"故事中的小沙弥，为救一条生命将最珍爱的善之花奉献出来，此时，奉献就是爱，奉献成就了小沙弥。

平等、博爱、奉献是人类不懈的追求。我们要从小就懂得感恩，把爱的种子，像蒲公英的种子一样牢牢地种在自己的心里，让它生根、发芽、开花、结果；同时又把这些爱的种子，传播到更多需要被关爱的地方去。

爱是需要传播的，当人有能力的时候，就应该尽量帮助别人，用自己的实际行动让世界变得更加温馨，更加美好。以爱为目标的人，以奉献为快乐的人，不仅受到众人欢迎，也为自己的事业成功奠定了基础。

第四章

拿得起，放得下——生活就是天堂

净化自我，宛如莲出淤泥而不染

周敦颐的《爱莲说》，描写了莲花的“出淤泥而不染”的精神，而这种精神是千百年来让人们赞叹向往的人格。

“……予独爱莲之出淤泥而不染，濯清涟而不妖，中通外直、不蔓不枝，香远益清，亭亭净植，可远观而不可亵玩焉。”

“出淤泥而不染”，可以理解为“净化自己”，也可以说是“清净自性”的体现。古人认为一个人如果实现了个人心灵的净化，便成就了所谓的“为己之学”。净化自己表面看起来目标很渺小，但实际上，是道德上能够自我完善的人。

但是要达到“出淤泥而不染”的境界谈何容易？在很多人的心里，计较、贪婪、不让、去争等念头得不到根除，内心并不干净，因而所言所行做不到“出淤泥而不染”。

一座寺庙里有一个新来的小和尚，对任何事物都好奇。

秋天，禅院里红叶飞舞，小和尚跑去问师父：“树叶这么美，为什么会掉呢?”

师父笑了笑：“因为冬天来了，树支撑不了那么多叶子，只好任其落下，这不是‘放弃’，是‘放下’!”

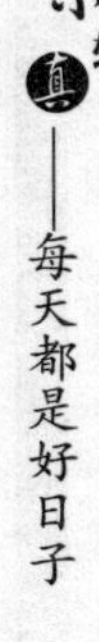

冬天，小和尚看见师兄们把院子里的水缸扣过来，又跑去问师父：“水好好装在水缸里，为什么要倒掉呢？”

师父笑笑：“因为冬天温度很低，天气很冷，水结冰膨胀后会把缸撑破，所以要倒干净，这不是‘真空’，是‘放空’！”

大雪纷飞，一层又一层，厚厚的积在几棵龙柏盆栽上，师父吩咐徒弟合力把盆搬倒，让树躺下来。小和尚又不解了，急着问：“龙柏好好的，为什么要放倒？”

师父说：“厚厚的雪把柏枝都压弯了，再压就断了，这不是‘放倒’，是‘放平’。”

天气寒冷，香火收入少了，小和尚很紧张，跑去问师父：“香火太少了，怎么办啊？”

“少你吃、少你穿了吗？”师父看他一眼，“你去数数，柜里有多少衣服，柴房里堆了多少柴，仓库里还积了多少粮食，别想没有的，想想拥有的。冬天总会过去的，春天总会来的，你要放心。‘放心’不是‘不用心’，是安顿好心。”

时光飞逝，春天很快就来了，春花烂漫，庙里的香火也渐渐恢复了往昔的盛况。

师父要出远门了，小和尚追到山门：“师父您走了，我们怎么办？”师父笑着挥挥手：“你们能‘放下’、‘放空’、‘放平’、‘放心’，我还有什么不能‘放手’的呢？”

这个故事的意义就是告诉我们人的生命宝贵，人只要生命存在，其他都可“放弃”。

南北朝的神秀有一首偈子：

“身是菩提树，心为明镜台。

时时勤拂拭，勿使惹尘埃。”

这首偈子的意思是：人要时时刻刻的去净化自己的心灵和心境，通过不断的修行来抗拒外面的诱惑和种种邪魔。

而神秀的师弟慧能则认为：

“菩提本无树，明镜亦非台。

本来无一物，何处惹尘埃。”

这首偈子是说：世上本来就是空的，看世间万物无不是一个空字，心本来就是空的，就无所谓抗不抗拒外面的诱惑，因为任何事物从心而过都不留痕迹。

佛教界认为，慧能的境界显然比神秀要高出一层。即人达到一定的境界后，世间万物在人眼中都不算什么，唯有当下的生活最宝贵。

明朝有一个叫董京的人在京城为官，有一年，山东大旱，董京被朝廷派往山东指挥军民抗旱，因抗旱有功，董京回京后被朝廷重赏，官升一级。但就在他的事迹被民众广为传诵的时候，董京却出人意料地向朝廷交代他曾截留过朝廷下放的救灾银两，并把截留的银两如数退了出来，要求将功赎罪，不要升官。

事后有人说他傻，为什么要在大红大紫之时揭自己的短？对此，董京是这样说的：“山东大旱，颗粒无收，民不聊生，所到之处，尸首遍野，人去屋空，不是亲眼目睹，很难想象灾民悲惨的现状。灾民的不幸遭遇，使我坐立不安，深感过去截留救灾银两之罪过。在抗旱

救灾中，汗水冲走我身上尘土的同时，也洗去我心灵中的污垢。所以，我要在获得荣誉的时候揭发自己，以减轻内心的愧疚，求得宽恕。”后来，董京成为明朝不可多得的清官。

一位哲人说：人有天使的一面，也有魔鬼的一面。天使的一面，就是有乐施好善的一面；魔鬼的一面，也就是具有私心杂念的一面。天使也好，魔鬼也罢，都是具有七情六欲的人的正常心理，“人非圣贤，孰能无过？”人关键要有能及时清理私心杂念、洗涤心灵的污垢、清除“魔鬼的一面”的意识。否则，当“魔鬼的一面”统领全局时，人的心灵家园就会迷失在灯红酒绿、纸醉金迷之中，淹没在灵与肉、泪与笑的搏击之中，再也找不回自己的灵魂。

净化心灵是人一生的功课，人涤清心中污垢，尤如洗澡洗去身体污垢一样，行为才能高尚。如果总是用双手遮住自己心灵深处的污垢，那么，藏污纳垢的心会越来越阴暗。

净化心灵贵在经常。倘若每天都能用“吾日三省吾身”的办法来扪心自问：这餐饭是否能吃、这个地方是否能去、这笔钱是否能拿、这个人情是否能给……就不会头脑发热，误入歧途。

每个人都有每个人的活法，但哪一种活法能让心中的“莲花”干干净净呢？

答案不言自喻。生命的每一时刻都应像“出淤泥不染的莲花”那样，向世界播放美与清香。人生的每一阶段都应像莲花灼灼绽放，不悔错过的阳光，不惧即到的风霜，尽心尽力地绽放到最后，即便萼残瓣落，仍有莲子光辉灿烂。人真的需要时时对自己的心灵进行净化，让心中的莲花永远澄明！

不要被完美主义所累

完美主义是一种非常好的理想，它能促使人将事往完美地方做，但过于完美主义有时则是由虚荣心导致的不良心态，与简单、平淡、健康而快乐的心态相比，不良的完美主义心态给人们带来的只能是无尽的痛苦。

人无论多么伟大，都会有不足之处，虽然人们提倡要常修正自身的缺点，完善自身的不足，但同时也要允许自己不完美的存在。人生并不完全是一盘棋，走错一步就步步皆错。把人生看成一场足球赛吧！即使是最伟大的球星也会在比赛中有失误的时候，但只要努力发挥出自己的最佳水平，即使自己每踢出去的一脚都不是“妙球”，甚至射门得不了分，也说明不了什么。

现实中，醉心于追求完美的人，本身就是不完美的。因为从一定意义上来说，完美是抽象的，不完美才是最具体的。生活中很多的完美并不都是靠追求就能得到的，生活中有许许多多的遗憾也同样是无法避免的。因此，不要总是妄想世界上完美的东西很多，比如你想要的完美的家庭、完美的工作、完美的老板，等等，对于这些不太现实的东西如果过于执着，就会使你在寻觅中浪费你原本就很少的时间与宝贵的生命。

从前，有一个年轻人，待人彬彬有礼，做事非常勤奋，可以说是德才兼备。但是，他却一直苦恼于自身的缺陷——他只有一只胳膊，另一只胳膊在儿时一次上山砍柴时摔断了。从此以后，他就总觉得自己低人一等，看见别人都四肢健全生龙活虎，他实在抬不起头来。为了战胜这种苦恼，他便发愤努力学习，每当徜徉于知识的海洋之中，他很快就可以物我两忘。但是，一旦放下书本，那种极端的痛苦与自卑又向他袭来。

年轻人住家的山上住着一位八十多岁的高僧，他非常擅长开导人，一天年轻人慕名来到山上。

年轻人向高僧倾诉了自己的苦恼，把那只因为没有手臂而空着的袖筒转向高僧，说："你看，这就是折磨我多年的问题。"

高僧把手伸进年轻人的袖筒里，然后抬起头来微笑道："什么问题？你的袖筒里什么都没有呀！"

年轻人非常聪明，听完这话，脸红了，下山后，很快他就跑到了城里，打拼自己的事业去了。

每个人都渴求生活能够完美一些，奢望上天能对自己多一些关照，生命的旅途不要有太多的曲折、坎坷，但上天对人总有事与愿违之时。人的一生非常短暂，富贵也好、贫穷也罢，为官也好、为民也罢，最终一切都会过去。而好与坏、富与贫、爱和恨这些生命路途中"添上"的负担，都需适时"放下"。古人说擅画者留白，擅乐者希声，养心者留空。如果人能抛开那些过于完美主义的念头，往往可收获那些隐藏在平凡和朴实生活中的惊喜。

其实，有残缺、不完美并不可怕，我们要做的，是学会在残缺中、不完美中欣赏美、品味美、创造美。生活中很多事物正是因为有了这样或那样的残缺、不完美，才会显得鲜活、与众不同，学着接受不完美吧，将有限的生命从苛求完美的陷阱中“解救”出来，放平自己的心态，这样才会发现内心中绽放出的美。

一位老师父在后院待客，叫小和尚去打扫庭院。小和尚将庭院里里外外打扫得干干净净的，可谓是一尘不染，于是去请师父验收，可是在等师父到来的时候，院子里又是满地的落叶，原来一阵风吹过，又将树上的叶子吹了下来。小和尚见状，再次打扫了一遍。

老师父的客人走了，来到院里，院里又是一地落叶。

小和尚委屈地说：“师父，石阶已经洗了三次，石灯笼也擦拭了很多遍了，树木浇过水，只有那风，不停地将叶子吹落，我不断地扫，可是还有叶子落在地上。”

老师父笑了，说：“这并不是打扫庭院的方法。”说着，老师父用力摇动庭院的树木，又抖落了一地金色、红色的树叶，老和尚说：“风吹叶子永远都会有叶子落下来。自然就是美，何必苛求不存在的完美呢?”

风吹叶落，这原本是很自然的事情，更是一种自然现象。就如每时每刻每人每事都在发生着变化，而且有些事情还会变幻莫测、无法阻挡。此时，面对这些，正确看待完美、不完美，会让我们的生活变得轻松快乐。我们千万不要像故事中的小和尚，非要违反自然规律，苛求绝对的干净与完美，那样只是劳累了自己而已，最终难见功效。

古人说："笑看风云淡，坐拥云起时。"《幽窗小记》中也有一副对联：宠辱不惊，看庭前花开花落；去留无意，望天空云卷云舒。这寥寥数语，深刻道出了人生对事对物、对名对利应有的态度：得之不喜、失之不忧、宠辱不惊、去留无意。

从前，有个国王到花园里散步，花园里的许多花草树木都枯萎了，只有细小的心安草茂盛地生长着。国王仔细打量着平凡得不能再平凡的心安草，问道："其他植物都枯萎了，而你却生长得这般茂盛，是什么让你如此勇敢乐观、积极向上呢？"

心安草回答："我不自傲，也不自卑；既好高骛远，又不灰心失望；没有非分之想，能够安于现状，这让我能好好地做棵心安草，好好地过自己该过的生活。"

这个小故事虽简单，道理却发人深省，耐人寻味。一个人是否快乐，不仅仅在于他拥有什么，更在于他怎样看待自己所拥有的。人的快乐在于"好心境"，在于懂得珍惜生活中所拥有的一切。

人活在世上，所有的人都渴望幸福，并积极追求幸福，但幸福只是点点滴滴的心灵感受。有的人，也许物质生活非常贫乏，但只要他心里安宁，仰俯无愧，同样能感受到生活中至真、至善、至美的精神，而这正是人生的最高幸福；相反，有的人如果整日心里慌乱不安，就算是高官厚禄衣食无忧，生活对他也是一种煎熬。

想得开，活着才不累

生活中常常听人说“为人处事要想得开”，那什么叫想得开，想得开又有什么益处呢？在此，以一个小故事来让我们见识一下想得开的智慧之人。

唐代娄师德，胸襟宽广，气量过人。

一天，他走在街上，忽然听到有人指名道姓地骂他是畜生，他假装没有听见，直接走了过去。

他的随从忍不住，说：“老爷，有人骂您，您没听见吗？”

娄师德说：“他骂的是别人，你听错了。”

随从说：“他明明叫着您的名字骂的，怎么会是骂别人呢？”

娄师德说：“天下同名同姓的人多得很，他是在骂另一个娄师德。”

这时，那人骂得更凶了，随从实在忍无可忍，又说：“老爷，他还在指名道姓骂您是畜生，甚至说您连禽兽都不如……”

娄师德打断他的话说：“他骂了我一句，你又对我重复一遍，你不是也在骂我吗？不要多管闲事。”

看看，娄师德就是一位“想得开”的智慧之人。他的一句“不要

多管闲事”很有意味，别人骂人，那是他的事，与自己有何相关呢，这实在是还内心清净的绝妙法子。所谓“大智若愚，大巧若拙”，骂不还口看似愚笨，实际是大聪明。

古人说：“何以息谤？曰：无辩。”又说：“是非以不辩为解脱。”这种“闻谤不辩”的法子藏了人生的大智慧——不理睬他人的恶意之语，想得开，看得开，自己活着才不累。

人的一生，总是围绕着生存、学业、事业、爱情、婚姻、家庭忙忙碌碌，常面临两难的选择，残酷的竞争，无奈地放弃，这些时候，总会产生失意、压力、痛苦等情绪，还有工作不顺心、上司不理解、下属不合作、下岗失业、亲人离去、自己生病住院、资金被套，等等，都会影响心态。俗话说大人物有大人物的烦恼，小人物有小人物的忧愁，每个人如果不放平心态，就会有种种不如意。正如老话说得好：“人生不如意十之八九”。

从前有个男孩子，生活优越，家里有一幢大房子。他喜欢动物、跑车与音乐。一天男孩对上帝说：“我想了很久，我知道自己长大后需要什么。”

“你需要什么？”上帝问。

“我要住在更大的一幢前面有门廊的大别墅里，我要娶一个高挑而美丽的女子为妻，我的妻子性情要温和，要长着一头黑黑的长发，有一双蓝色的眼睛，会弹吉他，有着清亮的嗓音。

“我要有三个强壮的儿子，我们可以一起去踢球。他们长大后，一个当科学家，一个做参议员，而最小的一个将是橄榄球队的四分卫。

“我要成为航海、登山的冒险家，并在途中救助他人。我要有一辆红色的法拉利汽车，而且永远不需要搭送别人。”

“噢，这听起来真是个美妙的梦想，”上帝说，“希望你的梦想能够实现。”

后来，有一天踢球时，男孩磕坏了膝盖。从此，他再也不能登山、爬树，更不用说去航海了。于是，他学了商业管理，而后经营医疗设备。

再后来，他娶了一位温柔美丽的女孩，有着黑黑长长的头发，但她个子却不高，眼睛也不是蓝色的，而是褐色的。她不会弹吉他，却做得一手好菜，画得一手好花鸟画。

因为要照顾生意，已长成男人的男孩住在市中心的高楼大厦里，从那儿可以看到蓝蓝的大海和闪烁的灯光。他家养了一只长毛猫。他有三个美丽的女儿，三个女儿都非常爱她们的父亲。她们虽不能陪父亲踢球，但有时他们会一起去公园玩飞盘，而小女儿就坐在旁边的树下弹吉他，唱着动听的歌曲。男人一家过着富足、舒适的生活，但却没有红色法拉利。

一天早上醒来，男人记起了多年前自己的梦想。“我很难过。”他开始对周围的人不停地抱怨他的梦想没能实现。妻子、朋友们的劝说他一句也听不进去。最后他终于悲伤得病住进了医院。一天夜里，所有人都回了家，病房中只留下了他。他对上帝说：“还记得我是个小男孩时对你讲述过我的梦想吗?”

“那是个美妙的梦想。”上帝说。

“你为什么不帮我实现我的梦想呢?”他问。

“你已经实现了。”上帝说，“只是我想让你惊喜一下，给了一些你没有想到的东西。”

“可是，”他打断了上帝的话，“我以为你会把我真正希望得到的东西给我。”

“我也以为你会把我真正希望得到的东西给我。”上帝说。

“你希望得到什么？”他问。他从没想到上帝也会希望得到东西。

“我希望你能因为我给你的东西而快乐。”上帝说。

这个男人在黑暗中静想了一夜。他认为上帝说得很有道理，他觉得自己的梦想很多都是实现了的。后来他康复出院，幸福地生活着：他开始快乐地欣赏着孩子们悦耳的声音，他时常深情凝望着妻子深褐色的眼睛以及画的精美的花鸟画。晚上他还常注视着大海，心满意足看着远处的万家灯火。

没有谁的人生是完美的，生活本身就是充满戏剧性的舞台，每个人都是不同剧目中的小角色而已，人虽不能完全左右自己的人生，却是可以规避一些风险。每个人对人、对物、对世界都有自己的看法，善、美还是恶、丑，快乐还是痛苦，完全取决于自己。如果你太在乎一些人、一些事，你的内心“放不下”一些人、一些事，那么，你就会痛苦、就会烦恼。事实上，如果你能放下，谁又能让你烦恼、痛苦呢？所以我们要学会遇顺境，处之淡然，遇逆境，处之泰然；始终保持一种清净优雅的心境，保持一种爽朗舒畅的心情，这才是善待自己，才是把握幸福的脉搏的方法。

其实，每个人的一生都可以快乐，只要你愿意主动远离不快乐。

放低快乐的标准

人往高处走，水往低处流，这是人们的常识，也是多数人的普遍心理。然而事实上，就是这个“人往高处走”的理念困扰了许多人，让人们迷失了他们寻找真正快乐的标准。让我们来看看森林里的一只猴子吧。

森林里有一棵高耸入云的大树，一群猴子争先恐后地往上爬。

有一只猴子爬到中间停了下来，它往下看时，看见的都是猴子的脑袋，它们都在它后面呢！于是它心里美滋滋的。可是当它往上看时，看到的却是一个个猴屁股，好多猴子都跑到了它前面，于是它心里一沉，顿时惆怅不高兴了。

其实，生活中大多数人和这只猴子一样，处在中间位置，比上不足，比下有余。但无论上、中、下，你若要快乐，有千千万万个快乐的理由；你若要烦恼，同样也有千千万万个烦恼的理由。

人生在世都希望有一个快乐的生活，然而，快乐由哪里来呢？现实社会中，许多人之所以不适应新的环境，之所以会痛苦烦恼，就是因为守着自己的高标准不放，他们认为自己只能上升，不能下降。因此，高标准在很多时候反而成了极端片面的害人理念，把人们带进了

死胡同。而那些肯于降低自己快乐标准的人，在一定程度上能扭转局面，开创自己独特的人生。

客观地讲，许多时候，外在的事物总是在不断地变化，好与坏，顺与不顺，常常会不请自来。所以，不管是在心理上，还是在生理上；不管是在主观上，还是在客观上，高标准都会使人时时处处面临着“高”的威胁。一旦达不到，会使人变得灰心丧气，甚至感到绝望。比如，当有钱的人变为没钱的人；当曾是大领导的失去了权力；老板变成了小工；昨天的名人沦为今天的无名之辈……这些时候，往日的标准都应尽快调整，让自己适应相应的环境。人生不可能总是守在一个较高的标准上，时时降低，时时抬升，这才是适者生存的法则。

当然，这里所主张的“降低标准”，并不是要你动不动就退缩，更不是要你总是抱有一种消极的理念，而是一种心理的调整和应对。

在人生的许多大逆转中，许多人之所以败下阵来，甚至从此被打败，都是因为不肯降低标准。而那些时时降低标准，降下身份的人很快又会东山再起。

降低标准，是一种医治心灵转化的良方。只是这种良方，并不是每个人都能接受的。贫穷的时候，有些人常常会说“钱够用就行了”，但是当他们富有了的时候，却还是会觉得钱不够用，因为“够用”本来就没有一个具体的衡量标准。能吃饱穿暖属于够用，能买一台经济实用的小车属于够用，而能买一台高级轿车、能拥有一套豪华别墅，那也是够用。物质的追求永远都是没有止境的。贫穷的人会说缺钱用，许多富有的人同样也会说钱不够花。这个世界机会很多，但与人的数量相比仍然显得少，在最后胜出的肯定只是一小部分人，90%的人注定要做平凡的人。

有一位商人，有一腔的抱负，但常感到力不从心，又觉得做的几单生意获利不多，因此总是心情不畅，为了排解苦闷，他向一位比他更成功的商人请教。

那位成功商人听后，拿出一个瓶子，让他往里面装石头。装满后，问："还能再装吗？"商人回答说："不能再装了。"

那位成功商人找来一些碎石子往瓶子里装，结果装进去很多。又问："还能装吗？"商人思考片刻，看着那位成功商人迟疑地说："不能再装了吧？"

那位成功商人笑了笑，又往瓶子里装细沙，结果，又装进了好多沙子。装完后，问商人："还能再装吗？"商人没有即刻回答，左思右想了好半天，肯定地说："不能再装了。"

那位成功商人盛了一些水让商人往瓶子里倒，自然又装进去了很多水。

商人看后先是目瞪口呆，继而大受启发，随后高高兴兴地谢别了那位成功商人。回家后，商人的事业果然蒸蒸日上。可没过几年，商人又找到那位成功商人，说："自从您给我教导之后，我的生意越来越好，可是，我的人生还很长，不能就停留在这里，否则我的后半生不就荒废了吗？"

那位成功商人点点头，很欣赏他的上进心，然后又拿出那个瓶

子，让商人按上次见面时一样把瓶子装满，商人很快就把瓶子装满了，先是石头，然后是石子、沙子，最后倒入水。这时，那位成功商人问了商人一个老问题："还能再装吗？"

商人皱了皱眉，他不理解怎么还是同样的问题，就说："水已经是最细微的了，再也没有什么东西可以填进水的空隙里去了。"那位成功商人又问："真的不能再装了吗？"商人再也想不出还能有什么可以装进瓶子，只好摇摇头。

这时，那位成功商人拿起瓶子，将瓶子里的水、沙子、石子、石头全都倒掉，又问商人："现在能再装东西了吗？"

看着空空如也的瓶子，商人顿悟。

很多人都会遇到和故事中商人一样的困扰，自己不是没有愿望，不是没有决心，不是没有能力，但总觉得心有余而力不足，很难有所成就。其实人生的成功不只是一面，人们处在一个多元化的时代，每个人都应该培养多元的思维，追求多方面的成功。

弘一法师曾写过这样一副对联：事当快意处需转，言到快意时须住。

李白也有这样的诗句："人生得意须尽欢，莫使金樽空对月"。

这些都是提醒我们遇事镇静，适时改变自己，寻找有无突破发展的新路。

宋朝有一诗云：

"流水下山非有意，

片云归洞本无心。

人生应得如云水，

铁树开花遍界春。”

意思是说，人应遵循自己的本性，如云水一样自然，去掉非分之念，忘却世俗之扰，不再有悲伤、嫉妒、苦恼、不平，要有更多的和谐与美好，这样的世界铁树也会全都开了花。

生命对于每个人都很珍贵，我们既要好好把握，又不要过分地固守自己的标准求全责备，学会调整，学会适应，好好爱自己吧。

放下负担，一身轻松

很多人总说随着年龄的增长越来越累，羡慕孩子们无忧无虑的时光。为什么小孩子总是快乐的？那是因为他们思想单纯，生活简单。比如，对于一个喜欢吃冰淇淋的孩子来说，一座金山不如一个冰淇淋能给他快乐；对于一个喜欢在外玩儿的孩子来说，在外面的自由胜过在家中电脑里的各种游戏。然而人渐渐长大后，就像是背着书包旅行一样，一路上，他们会“捡拾”很多东西：名誉、家庭、金钱、友谊、爱情、事业、责任……“捡着”，“捡着”，书包就渐渐装满了，因为太沉重，就产生了压力，轻松、自由、快乐也就随之渐渐减少。当然，很多人以为自己装进去的都是“好东西”，这里面确有“好东西”，像责任、担当、感恩等，但也有需要时常清理的“垃圾”、“过时的东西”、“需要忘记的事情”。

有这样一个小故事：

有一个总是爱抱怨的弟子，由于心胸狭窄，常常置自己于烦恼之中。

一天，大师派他去集市买一袋盐，回来后，大师吩咐他抓一把盐放入一杯水中，然后喝一口。

“味道怎样？”大师问。

“咸得发苦。”他皱着眉头答道。

随后，大师又带着他来到湖边，吩咐他把剩下的盐撒进湖里，然后说道：“再尝尝湖水。”弟子弯腰捧起湖水尝了尝。

大师问道：“什么味道？”

“纯净甜美。”弟子答道。

“尝到咸味了吗？”大师又问。

“没有。”弟子答道。

“尝到苦味了吗？”大师又问。

“没有。”弟子答道。

大师点了点头，微笑着对弟子说道：“生命中的痛苦是盐，它的味道取决于盛它的容器。”

在生活中，你愿做一杯水，还是一片湖？很多人之所以觉得累，是因为背负的“负担”过重。而负担之所以成为负担，是因为人紧紧抱着不放。如果时常整理，该放下放下，该扔掉扔掉，自己就能轻装上阵，继续前行过快乐的生活了。

有一个流浪汉在看似没有尽头的路上艰难跋涉，他头上顶着一个腐烂发臭的大南瓜，背上背着一大袋沉重的沙子，身上缠着一根很粗的水管子，脖子挂着一个已经停止走动的大时钟，右手托着一块奇形怪状的石头，左手提着一块废钢铁，脚腕上系着一条生锈的铁链，铁链上还拴着一个大铁球。他一步一瘸步履蹒跚地向前走着，每走一步，脚上的铁链就发出“哗哗”的响声。他一边走一边抱怨自己的命

运之艰难，不满和疲倦在不停地折磨着他。

这时，迎面来了一位赶牛的农人，农人问："你为什么不将手里的石头扔掉呢?"

流浪汉扔了石头，又扔掉废钢铁，觉得轻了许多。

农人又说："你为什么不扔了头上的烂南瓜呢？还有那笨重的铁链子，你为什么要拖着它呢?"

流浪汉扔下头上的烂南瓜，解开脚上的铁链子，这时，他感觉更轻松了。

农人接着说道："你扛着那么大一袋沙子，可道路两旁有的是沙子；你带了一根大水管，可路旁就有清澈的小溪，你带着这些东西有什么用呢?"

流浪汉又扔掉了粗水管和沉甸甸的袋子，突然他看到脖子上挂着的时钟，正是这东西使他无法直起腰来走路，于是他解下时钟，把它也扔得远远的。

流浪汉卸掉了所有负担，觉得一身轻松。

"负担"是使人心灵产生压力的根源，实际上，有很多"负担"是人强加于自己的，所以学会自我解压，卸下重担，不仅身体会感到轻松，内心也会更为清净，人生更会充满寻找快乐和幸福的动力。

一个人双手各拿一个花瓶前来敬佛。

高僧对他说："放下！"

那个人放下了左手上的花瓶。

高僧又说："放下！"

那个人又放下了右手拿的花瓶。

可高僧还是对他说："放下！"

那个人说："我已经都'放下'所有能'放下'的东西，现在两手空空，没有什么能再'放下'了！"

高僧说："我让你'放下'的，你一样都没有'放下'；我没有让你'放下'的，你倒全都'放下'了。是否'放下'花瓶并不重要，重要的是要'放下'你的私心杂念、你的过度欲望。你的心已经完全被私欲所占据了，只有'放下'这些，你才能从心灵的桎梏中解脱出来，才能懂得什么是真正的生活。"

世界五光十色，吸引人眼球的东西实在是太多太多，很多人总是看见什么就喜欢上什么，看见什么就渴望拥有什么，其实，很多东西是追求不来的，即使追到也是费尽心力的。不如静下心来，问一问自己究竟需要什么。如果总是看一样爱一样，长此以往，连自己"是谁"，都没工夫去探究了。

有句话说的精妙："如果你想品尝我的茶，请先倒空你的杯。"是的，如果一个人心里装了太多的东西，想得太多，渴望得到的太多，就无法去享受过程和品尝愉悦。就像喝茶，如果心思不在茶上面，怎能细细品味出它的味道。一个人要想成功，就应该先抖落外界浸驻在自己内心的不切实际的渴求，清空自己的内心，叩问自己的内心，好好把握自己想做什么、想得到什么、想拥有一条什么样的人生道路，然后再踏步迈向前方，寻找需要的"东西"。

痛了，你自然就会放下

我们的身边总会遇到一些因为感情受挫而心情郁闷的人，有的人在面对一段失败的感情时，他们懊恼，失望；有的人甚至在经历了爱情的失败之后，迟迟无法走出阴影，更别说接受下一段美好的爱情；有些人内心深处难以抹去被美化了的以前爱人的幻影，因而会对后来者产生失望情绪，进而百般挑剔，导致爱情更加不顺利。这种总是把离开了自己的人当成了以后择偶的标准，每当面临再次选择时，常常有意无意地把新的对象和以前的恋人进行比较。这种比较一方面让自己无法进行新的情感，一方面对新的对象来说也是不公平的。

常言道，强扭的瓜不甜，缘分不可强求，人只有放下曾经紧握的双手，才会给自己和他人开一剂灵丹妙药。

一位禅师晚饭后去郊外散步，看见一个年轻人放声大哭。

禅师问年轻人："你为何如此伤心？"

小伙子答道："我失恋了。"

禅师闻听此言说道："糊涂呀糊涂。"

小伙子停住哭，问道："禅师何出此言？"

禅师说："你如此伤心，只不过失去一个不爱你的人，这又有何

伤心呢？该伤心的应是那个人，她不仅失去了你，还失去了你心中的爱，多可悲啊！”

在爱情的道路上，失恋是再正常不过的事，因而失恋不可怕，可怕的是失去爱的信心，爱的能力。当火焰般燃烧的爱恋、爱情化为灰烬，当爱恋、爱情的潮水慢慢退去，若能依然用一颗宽大博爱的心守望在那里，就会抚慰伤痕累累的心，让受伤的心很快恢复过来。其实，失恋、分手只不过是人生中的一个个经历而已。它们绝对是丰富人生阅历的精彩篇章。

一个人找到一位智者倾诉他的心事。他说：“我放不下一些事，放不下一些人。”

智者说：“没有什么东西是放不下的。”

那人说：“有些事和有些人我就偏偏放不下。”

智者让那人拿着一个茶杯，然后往里面倒热水，一直倒到水溢出来。那人被烫到后马上松开了手。

智者说：“你看，这个世界上没有什么事是放不下的，痛了，你自然就会放下。”

正如这个故事一样，当爱情已经出现了不和，或者对两人是一种伤害，何不作一番理性的思考，在最恰当的时候放手，这也是给自己心灵的一剂良药。

恋爱中或婚姻中的人们要深刻地理解真爱的本质。爱有时不是热烈的情感，而是一种相对来说平静的、一生一世的守护。太热烈太奔放的爱总是易于凋落，而平和沉静的爱却是暗香持久，心香永恒。

爱的唯一真正目标，是两个人心灵的成长。一首诗中写道："你见，或者不见，我就在那里，不悲不喜；你念，或者不念，情就在那里，不来不去；你爱，或者不爱，爱就在那里，不增不减；你跟，或者不跟，我的手就在你手里，不舍不弃；来我的怀里，或者，让我住进你的心里，默然相爱，寂静欢喜。"

汤姆·克鲁斯与妮可·基德曼离婚后，并没有像一些离婚夫妻那样关系尴尬，而是在离婚夫妻中树立了优秀的模范。离婚后，汤姆·克鲁斯仍然盛赞妮可·基德曼的美丽与优秀，他们还会利用假期去探望从福利院收养的孩子，和孩子们一起享受天伦之乐。虽然妮可对前夫仍有一些狭隙，但她面对这一切仍保持着优雅平和的姿态，因此，媒体评价说他们是"最阳光"的分手夫妻。

如果一个人懂得爱，就应该懂得爱不是占有，既然感情的分歧已经发生了，就应该坦然地接受，果断放手，这才是爱的智慧。

曾有人说过，"当你握紧双手时，里面什么也没有，可是当你松开紧握的双手时，世界就在你的手中。"捆绑的夫妻不是生活。将手松开，反而会握住更多更美好的事物。

曾经有一位旅行者，一路上跋山涉水，穿山越岭，非常辛苦。

有一次，在他经过一道险峻的悬崖时，一不小心掉进了深谷里。在这种紧急情况下，他挥动双手到处乱抓，竟然抓住了悬崖边上的一根树枝，总算是保住了自己的生命，但是他却悬在半空中。正在上下不得，进退维谷、不知如何是好的时候，忽然看到一位慈悲的佛陀站在悬崖边上，正慈祥地望着自己。这位旅行者如同见到大救星一样，

赶快向佛陀求救："佛陀，求求您发发慈悲，救救我吧！"

佛陀说："我可以救你，但是你要听我的话，我才有办法救你脱离危险。"

"佛陀，我都到了如此地步，怎敢不听您的话呢？你要我做什么我就做什么，我全都听你的。"

"那好吧，那现在就请将那只抓住树枝的手放下来。"

旅行者一听，心想："如果我把手松了，肯定会掉进万丈深渊，岂不是死路一条，哪还能保住自己的性命呢？"

因此，他不但没有松开那只抓着树枝的手，反而将树枝抓得更紧了，佛陀看到他执迷不悟的样子，只好转身离去了。毕竟对于一个执迷不悟的人，就算是佛陀，也没有办法救他啊。

凡事都有其存在的合理性，该放手时就放手，也许放手了，生命才会绽放得更加有光彩。

那么，什么样的放手才是夫妻或恋人之间"最阳光"的做法呢？

1. 浪漫的"分手"

在"分手"时，双方可以共进一顿晚餐，或向对方说句感激和祝福的话，这样的"分手"，令双方都会有一个阳光的心态。

2. 坦然的"分手"

虽然两人不能做夫妻、恋人，但却完全有可能做知己，坦然的"分手"可为以后的交往打下基础。

3. 化伤感为力量的"分手"

静下心来，化伤感为力量，变压力为动力，果断"分手"，然后努力充实提高自己，而使自己日渐一日地完善、成熟起来，增强自己的吸引力和向心力。

明智地对感情放手是最佳的选择，也是一种大的胸怀，尽管这个过程很痛苦，但“放下”后过一个阶段会让心灵更加轻松，因为，只要我们胸中有爱，珍惜感情，又何愁天涯无芳草呢？

第五章

不生气——生气是惩罚自己最致命的武器

凡事不计较，得饶人处且饶人

人生中计较的事情常常困扰着我们，比如说：无缘无故地被领导训斥一番；防不胜防地评职称被人挤了名额；莫名其妙地让别人冒犯了我们；糊里糊涂地又和爱人吵翻了……种种工作上，生活上，要计较的事情总像影子一样跟着我们，给我们带来了无尽的烦恼。

有一个女人在公众场合被老公打了，很长一段时间她都非常痛苦。于是，她就到庙里去烧香，一位老和尚看到她一脸悲伤，问她发生了什么事。这个女人哭着讲述了事情的经过，她泣不成声地说："我好惨啊，我多么的不幸啊，我这一辈子都忘不了这件事情了！"听罢她的陈述，老和尚对她说："这位施主，你被老公打是你自愿的。"这个女人被老和尚的这句话吓了一跳："我怎么可能自愿被老公打呢？"老和尚对她说："你只被老公打了一次，但在你的心里，你心甘情愿地每天被他打一次。你看，你自觉自愿被他无数次地打，而不愿意终止这种想象啊。"

是的，不管什么原因，在你身上发生了一件不好的事情，你觉得很失败，感到很不光彩，于是会沉浸在没完没了的痛苦之中，好像看了一场结局不好的电影一样，它让你天天在回想，于是，心情变得很

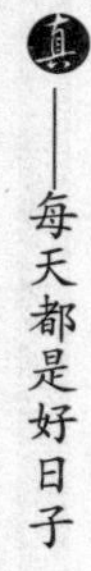

压抑，整天怨天恨地，把自己的心牢牢束缚在愤怒和哀怨的牢笼内，把所有光阴都浸泡在痛苦和叹息里，有些人乃至一生都不得解脱，最终一事无成，在泪水和沮丧中过完一生。

大德禅师非常喜爱兰花，他在寺里的庭院栽植了好几百盆各种各样的兰花。除了讲经说法外，他把余下的精力都投在了照料兰花上。庙里的和尚都说，兰花就是禅师的生命。

一天，禅师外出讲经，他让弟子在闲暇时给兰花浇水、除草。可是，弟子在侍弄兰花时，一不小心把花架绊倒了，整架的盆兰都打翻在地，毁坏了很多兰花。这位弟子害怕极了，心想："师父回来看到心爱的盆兰被毁，肯定会大发雷霆？"

于是，这个犯错的小和尚就和其他师兄弟商量，等禅师回来后就赶紧认错。

奇怪的是，禅师回来后听说这件事，一点儿也不生气，反而笑着安慰弟子说："我之所以种植兰花，一是用它来供奉佛祖，二是美化寺院环境，我可不是想生气才种兰花啊！凡是世间的一切都是捉摸不定的，既然发生了，就不要纠结于它了，这样你就不会产生很多痛苦！"

在场的弟子们听了禅师这番话，对禅师更加尊敬佩服了。

大德禅师虽然喜欢兰花，但心中却没有兰花这个"挂碍"，这正是他不计较的根源。不计较，就会没有锱铢必较的狭隘；不计较，人的心情就会坦然；不计较，就没有对手间的剑拔弩张；不计较，人与人之间的关系就会和谐一些；不计较，人会得之淡然，失之泰然；不计较，人生就会快乐很多。

生活不是单纯的取与舍，也不是单纯的得与失，很多时候，很多悲剧之所以发生，都是因为我们太喜欢计较了。为了名，为了利，为了一时之气，让自己身心负累。其实，该是你的，还是你的；不是你的，计较得到，最终也会失去。

雅玲和男友准备结婚了，于是决定买一套婚房。跑遍了城市的各大楼盘，终于选定了一套总价120万的现房。房价水平虽远高于两人的工资水平，但男友说了，他负责首付，雅玲负责装修和电器家具。男友家庭条件不错，给了8万元线。

选好了房回家，雅玲十分高兴，想着终于能跟相恋6年的男友拥有自己的房子了，这是每天做梦都盼着的事情啊！每天早上，雅玲都是笑着从梦中醒来的。

在办理房子手续的那一天，男友准点到达，身后还跟着他的爸爸妈妈，雅玲想着可能是准公婆担心他们办不好手续，前来帮忙的。于是雅玲满脸笑容地迎上去，准婆婆亲热地挽起雅玲的胳膊，他们一起走向服务台。

在办理手续时，工作人员问："房子写谁的名字啊？

有说有笑的4个人突然间冷场下来，雅玲觉得这是个很简单的问题，她和男友结婚房子当然是写他们两个人的名字，要不怎么是婚房呢？可男友却正为难地看着他爸妈。一时间大家陷入了一阵尴尬的沉默……

男友将雅玲拉到一边，低声告诉雅玲说："他的父母希望房产证上只写儿子一个人的名字，因为老两口竭尽所能凑了整整80万，所以希望能写儿子的名字落个安心，以免将来出什么差错。”

听男友这么一说，雅玲明白了，可雅玲心想：按照两人的约定，房子一到手，她就得出钱装修买电器买家具，这也是一笔不小的开支啊！那怎么算呢？而且，两人结婚了，房贷肯定是两人一起负担，虽说余下的钱和首付的80万元钱相比不多，可40万元钱也不是小数目呀。想到这里，雅玲有一种不被信任的感觉。

于是，当天房子的手续就没有办下来，后来雅玲父母在得知后也觉得非常生气，心想：我们把女儿都嫁给你们了，你们还这样计较，真是小心眼。双方为这事见了好几次面。雅玲父母提出：如果房子只写男友的名字，那么房子后期的装修和其他一切开销都由男方承担才可以，而男友父母却觉得装修至多也就花个20万，比起80万元钱太少了，如果一定要写两个人的名字，那雅玲家应该也拿出80万元钱来。

就这样在来回争执中，雅玲伤心欲绝，她和男友之间的沟通越来越少，说不上三句话，话题就转到了房子的问题上，他们吵架的次数越来越多。后来，两个人不堪重负，选择了分手。

一桩相恋了6年的情感最终因为房子问题放弃了，这不能不说是个悲剧。问题的根源出在哪里？就是因为双方太过于计较了，男友的父母，把金钱看得太重，而雅玲的父母，也是如此，双方老人的斤斤计较，结果只能是亲手毁掉了小两口的幸福生活，相恋多年的恋人最终以分道扬镳告终。

可见，如果凡事斤斤计较，就算是亲人也会反目成仇。

谭恩美是美籍华裔女作家，她的作品生动感人，温婉的语言每每触及读者的灵魂。可是，没有人相信，在谭恩美16岁的时候，她曾用充满仇恨的话语对母亲喊道："我恨你！我恨不得自己死掉……"

在谭恩美的记忆中，少年时与母亲的争吵似乎一直在持续着，每次争吵之后，母亲都会露出一个近乎疯狂的扭曲微笑，然后在喘息中大声嚷道："好啊！我也许是该死掉，这样我就不用当你妈妈了！"然后在接下来的日子里，以冷战相对，冷战结束后，依然是争吵。

最让少年谭恩美受不了的，是母亲经常在别人面前批评、羞辱她，禁止她做某些事情，哪怕谭恩美有充足的理由。但母亲不要理由，只会批评，这让谭恩美暗自发誓：永远不忘记这些委屈！要让自己的心硬起来，像母亲那样！

30年后，谭恩美意外地接到了母亲的一通电话，这让她惊讶万分，因为母亲患上老年痴呆症已经3年多了，她忘记了许多人、许多事，甚至无法讲出连贯的话语。

但话筒那边确实是母亲焦急的声音："恩美！我的脑子出问题了！"恩美屏住了呼吸。

"我觉得很多事我都记不得了，昨天我做了什么？对你做了什么？我不记得很久以前到底发生过什么事……"母亲说话的时候好像一个溺水的人，挣扎着，却发现自己越陷越深。

"你不要担心！"恩美说话了。

"不！我知道我做过一些伤害你的事情！"母亲狂乱地叫起来。

谭恩美马上回答："你没有，真的，别担心。"

"我真的想不起来了！但我知道，我做过一些可怕的事情……我只想告诉你……我希望你能像我一样把它忘掉。"

"真的没有，别担心。"谭恩美只能重复这几个字，因为她哽咽着，她不想让母亲听出来。

"真的吗？"母亲平静了一些，"好吧，我只是想让你知道。"

挂上电话，谭恩美大声哭了出来，既伤心又幸福。

6个月后，母亲逝世。母亲及时把最能抚慰人的话留给了女儿，好似拨开云雾后那开阔、湛蓝的天空。"遗忘掉仇恨和痛苦，铭记住亲情与关怀，这才是人生最重要的。"谭恩美在母亲的葬礼上如是说。

可见，如果我们能以宽厚、包容的心，去接纳体谅他人，不纠结于以往的是是非非，不计较心中的恩恩怨怨，这样就有可能改善彼此之间的关系，而心中也不会再有怨怒之气，也能多一份轻松与心安。这种得饶人处且饶人的智慧，正是我们应该学习和经常使用的。

别为不值得的事生气和烦恼

我们每个人小时候都有过一张纯净的笑脸，但在我们渐渐长大的过程中，笑容渐渐被忧愁浸染，双眉时时紧锁，这都是因为有烦恼、有痛苦、有不快乐侵入了我们的心灵，那么我们又在忧虑烦闷什么呢？

或许是因为一些鸡毛蒜皮事想不开；

或许是上班的时候跟同事发生了一些不愉快的事情；

或者是自己不小心把事情搞砸了。

……

把影响你心情的事情都一一列举出来，你会发现，那些每天都烦扰我们心灵的事情大多都是一些微不足道的小事！我们总是在这些芝麻绿豆的小事上纠缠不休，不知不觉中，烦恼的皱纹逐渐代替了少时快乐的笑容。

一个小沙弥，化缘时与一个农妇发生了争吵，最后竟互相撕扯起来，结果是双方的脸都被抓破了，其他和尚赶来，才把他们劝开，并把受伤的小沙弥带回寺院。

老师父得知一切经过之后，并没有教训小沙弥，反而找药找纱布给小沙弥包扎，然后带着小沙弥去给农妇赔礼道歉。

这样一来，那个农妇也通情达理了，说这个事情都怪自己，不该和来化缘的小沙弥争吵并动手。

从农妇家回来的时候天已经很晚了，很难看清道路，一个没注意，老师父被一块石头绊倒了，小沙弥扶起师父后，狠狠地踢那块石头。

老师父制止了小沙弥的行为，对他说："石头本来就在那里，它又没动，是我不小心撞上去的，不能怪它啊，我应该向它道歉才对，这次磕绊是我自找的。"

小沙弥愣了一会儿，终于领悟了，他非常自责，歉疚地说："对不起，师父，今天是我错了，今后我一定注重个人修养，尽量不犯错误，尊重他人，感化他人。"

是的，路上的石头，它本身就在那里，你自己撞上去崴了脚，是自己不小心造成的，怨不得石头，同样，生活中的很多磕绊挫折，也多是由自身的各种因素造成的，于他人关系不大，不能只是一味地指责和抱怨他人，而应该好好反思是不是自己的内心出问题了，真正从内心找寻出问题的根源。

时间是如此的宝贵，我们生活在这个世界上也就只有几十个年头，然而我们如果总是为纠缠无聊琐事而白白地浪费了许多宝贵的时光，那就真是辜负了上天给我们的宝贵资源。生活中有太多值得我们去欣赏和感受的美好事物，我们又何必让自己为一些不值得的事情烦恼呢？

曾经有一个心胸十分狭窄的人经常会为了一些琐碎的小事情生气，于是，自己没有好心情，也让身边的人饱受其苦。他想改掉这个坏毛病，却始终无法自控，后来听人劝去找一位智者为自己开解。

智者听完他的叙述之后，什么都没有说，直接把他锁在一间漆黑的柴房里。一开始，那人气得破口大骂。但是，无论他的骂声是多么的恶毒，智者都不予理会。那人看恶言威胁没有用，便开始苦苦哀求，智者仍置若罔闻。后来，那个人终于沉默了。

智者来到门外，问他："你还生气吗？"

"我只生自己的气，我真是愚蠢，干吗要到这鬼地方来受这个罪啊！"

智者摇了摇头，说道："一个连自己都不肯原谅的人怎么能心如止水？"说完，拂袖而去。

慢慢地柴房里无声无息。智者问："还生气吗？"

"不生气了。"柴房里的人回答。

"为什么呢？"

"因为生气也没有用啊！"那人有点无奈地回答。

智者说："你的气还没有全部消去，还压在心里，以后再爆发出来的话会更加剧烈。"说完又离开了。

一个时辰之后，智者再次来到了门前，那人告诉他："我不生气了，因为不值得生气。"

"既然还知道值不值得，就说明心中还有衡量，还是有气根。"智者说道。

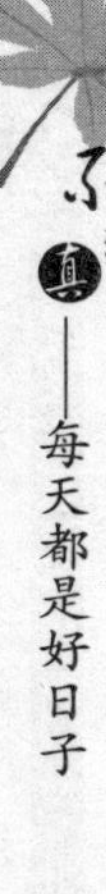

那人不解地问道："那么，你到底要我怎样做？请问什么是气？"

智者打开房门，将手中的茶水洒在地上。那人终于恍然大悟，叩谢而去了。

其实，我们胸中的气愤和烦恼就像故事中智者手中的茶水一样，转瞬间就会和泥土化为一体，所以人又何必为了生气而内心纠结甚至痛苦呢？

叔本华说过："人活在世上是烦恼的，它就像钟摆一样，向左向右都是烦恼，而唯独停留在中间才是快乐幸福的，然而这个过程又十分的短暂。因此，想要真正获得快乐的那一天，或许只有到生命的尽头，它才会完全停留在中间的位置。"当然，人的烦恼痛苦虽然很难说"放下"就"放下"，但我们可以为这些负面的东西找到一种解脱的方式。有句格言或许能够给我们一些启示："处难处之事愈宜宽；处难处之人愈宜厚；处至急之事愈宜缓。"就是说当事情不好处理，非常棘手时，不要紧张，要劝自己，把心放宽。而另一方面，试着让自己从另一个角度来看待每件不好处理的事，说不定反而能够有新的突破和转机。

放弃一些不必要的执着

在惯有的思维里，坚持与执着一向都会被看作是一种积极的人生态度和可贵的品质。然而，当这种品质被无限放大或者遭遇到某些事情的时候，也会变成烦恼与悲剧的根源。

生活到底是沉重的，还是轻松的，这全都取决于我们怎么去看待它。生活中会遇到各种烦恼，这都是正常现象，如果你摆脱不了它，那它就会如影随形地伴随在你的左右，这样生活就不得不成了你的一副重重担子。

古代有一个和尚，为了解救即将遭到洗劫的村庄，便决定独自一个人前往强盗的巢穴，结果被强盗抓了起来。

强盗决定要将和尚的脑袋砍下来，当强盗将他绑起来准备行刑的时候，和尚对强盗头子说："你们要杀我可以，但是你们总得让我吃饱啊，我可不想做个饿死鬼。"

强盗们心想，眼前的他反正都已经成了快要死的人了，就答应了他的要求。但是，他们又想着要捉弄一番和尚，于是，便端来了一些鸡鸭鱼肉放在和尚的面前让他吃。和尚看着这些东西，想也没想便大吃起来。强盗们看到此情此景，便哈哈大笑起来："我们一直以为和尚都是吃素的，没想到你还是个坏和尚。"

和尚听后嘿嘿一笑，然后又说："现在我已经吃饱了，但是我忽然想到我要是就这么死了，以后肯定没有人会来祭拜我。我能不能为自己写篇祭文，然后念给自己听呢？"

强盗们觉得和尚的想法非常有意思，便顺着他的意思给他找来了笔墨纸砚，等着看一出好戏。

没想到和尚还真的很认真地给自己写了一篇祭文，之后又很认真地念起来，等到祭文念诵完毕之时，和尚对强盗说："好了，现在我生前的心愿都已经了了，你们可以杀我了！"

谁知道强盗头子却说："你这个和尚太有意思了，既然你和我们一样，也不是什么好人，那我们就决定不杀你了。"

和尚听后，便顺应时机地说："不杀我也行，但是我还有一个请求，可不可以也放过那些村里的人，据我了解，他们也都和我们一样。"

强盗听后哈哈大笑，于是，那些村民也免受了一次灾难。

这位和尚的成功就在于他勇敢地放下了佛教戒律的约束，从而保全了自身，转危为安，若是他死守着那些戒律、清规，和强盗们针锋相对的"硬扛"，结果可能会变成另外一个局面。和尚正是用自己的一次"不执着"，解救了即将受难的村民与自己的生命。

虽然这只是一个特例，但道理以小见大，就是在很多时候放弃一些不必要的"执着"很重要。

"有两只小山羊，个性都很执扭。某一天，它们在河上的一座窄木桥上相遇了。桥板的宽度无法容纳两只小山羊同时过河，所以，它们之中的一个必须要退回去给对方让路。争执之下，它们谁都不肯妥协，一再坚持自己的态度。终于，战争爆发了，两只小山羊把犄角撞到一起在小木桥上打起架来。独木桥很窄，几分钟之后，两只小山羊脚下一滑，便一起掉进了河里。"

这是俄国著名教育家乌申斯基所写的童话故事，这个故事几乎被我们每一个人所熟知。也许很多人在读到这个故事的时候，都会为小山羊的结局而感到悲哀，但却很少有人能够意识到自己在生活中也常常扮演着小山羊的角色。

坚持和固执的间隔并不是那么的遥远，人要用清醒的头脑去拿捏二者之间的分寸。如果我们太过于执着，想要去控制事物的时候，结果反而常常会被事物控制，从而影响到内心原本的清明与自在。

世界是丰富多彩的，一个问题并非只有一个答案。所以，人千万没有必要为了一个固定的答案而去争辩是非。很多情况下，有些人在他人陈述自己的观点、意见、看法和某种判断时，总爱否定他人的说法，有时甚至会粗暴无礼地打断他人的话，说："你说的不对"、"不是你说的那样"、"我不同意你的说法"，等等，这些说法常常会产生"火药味"，让双方争辩起来，争吵起来，进而还会进行人身攻击和谩骂，甚至升级动手。

一个年轻人向老师求教，谈起自己所遇到的境况，颇有些感慨，

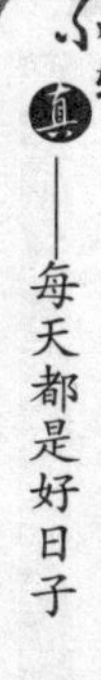

叹道："老师，人与人之间的关系太复杂了，不是尔虞我诈，就是虚与委蛇，实在是没意思。为什么会是这样啊，我真是想不通，还有，面对如此我又怎么对待呢？"

老师沉默不语。这时，鸟儿在树上鸣叫，落下零星的鸟粪，差一点儿掉到年轻人身上。年轻人立刻指着鸟儿大骂："该死的东西，没长眼睛。"

"年轻人，"老师说道，"看看你伸出的手，道理就在其中。"

年轻人看着自己伸出的手：食指指向树上的鸟儿，大拇指、中指、无名指、小指均指向自己。

年轻人仍很纳闷不得理解，老师解释说："瞧瞧你指责鸟儿时的手形，它有何意味？一根手指指着别人，而四根手指指着自己，也就是说如果要指责别人，那么自己首先要承担四倍的责任，严于律己，宽以待人，人情世故就不再是你看到的那样了。"

老师抬头望着树上啼鸣的鸟儿，接着说："鸟儿是无辜的，因为树林本来就是它们的栖息之处，有鸟粪落下来是自然的事，怪只怪我们站错了地方。世上万物没有绝对的对与错、是与非。所以也没有必要凡事都分出个高低、争出个胜负，要明白，我们为人处事不必太较真，不要太计较别人对你的不公平或者命运对你的不公平，让自己快乐幸福，哪怕受点委屈、退一万步也是值得的。"

生活中，深受人们喜爱的弥勒菩萨最明显的形象就是开怀大笑，因为它大肚能容天下之事。还有一个"布袋和尚"，也在每座寺院中供奉，布袋象征烦恼、稚拙、负担，佛教以"布袋和尚"来警醒、教化人们学着“放下”“布袋”，“放下”某些不该坚持的“执着”，“放下”种种无谓的忧虑，这样才能保持身心的快乐。

“一觉醒来又是新的一天，太阳不是每日都照常升起吗?”试着去放下肩扛的“重担”，放下烦恼与忧愁，生活会让你感到轻松与简单。

宽容为本，善恶随心

如今我们的生活富裕了，可是人与人之间的抱怨和纠纷越来越多，很多人的心胸越来越狭窄。所以，提倡宽容十分必要。因为人若没有宽容之心，不懂得从别人的立场去考虑问题，人与人不仅关系紧张，自己也失去了生活的乐趣。

西方有句话说：“也许我们不能像圣人那样去爱我们的仇家，可是为了自己的健康和快乐，我们至少要原谅他们，忘记不快乐，这样做其实很聪明。”是的，生活中很多人做不到能爱仇家，原谅也做不到，忘记甚至都很难，大多数人整天把“仇恨”放在心里，让自己内心的伤痛越来越多，以至于“伤口”难以愈合，慢慢地，这种难以愈合的伤口积累过多，让人们变得疯狂，甚至失去理智。

一天，知云和尚去拜访石头禅师，二人谈兴很浓，不知不觉来到了江边。

这时，船夫正用力把沙滩上的渡船推向江里，准备载客过江。船下水后，沙滩上留下一片被压死的螃蟹、虾、螺等生物，让人看后心生怜悯。

知云看后不禁问石头禅师：“请问大师，刚才船夫推船入江，压死很多虾螺螃蟹，这是乘客的过错，还是船夫的过错？”

石头禅师毫不犹豫地回答：“既不是乘客的过错，也不是船夫的过错！”

知云不解，又问：“乘客船夫都没有罪过，那究竟是谁的过错呢？”

出乎意料，石头禅师厉声说道：“是你的罪过！”

知云听后，莫名其妙。

石头禅师这才娓娓道来：“船夫为生计而赚钱，乘客为了过江而乘船，虾蟹为了藏身而被压死，这是谁的过错？‘罪孽由心造，心亡罪亦无’，无心怎能造罪？纵使有罪，也是无心之罪。而你却无中生有，自造是非，这难道不是你的过错吗？”

知云听后默然不语。

石头禅师接着又说：“有和无本是佛法的两面，说有说无都是片面之词，有就是无，无就是有。”

知云大悟。

石头禅师告诉我们的哲理就是有罪与无罪不是仅靠表面现象来判定，而应该看人的心态，有心则有罪，无心亦无罪。对于无心之事，何必非要去争论是非呢？这是佛教以宽广的胸襟恭敬地对待世间一切的包容精神和慈悲之心。

寒山问拾得：“世间谤我、欺我、辱我、笑我、轻我、贱我、恶我、骗我如何处治？”

拾得说：“只是忍他、让他、由他、避他、耐他、敬他、不要理他。”

所谓“海纳百川，有容乃大；壁立千仞，无欲则刚”。任何人都有慈悲的笑容，任何人都有宽广的包容之心，但这一切的形成都需要在人格上不断修炼。

有弟子请教石霜节诚禅师说：“古人说：‘卷帘当白昼，移榻对青山’，意思是让生命贴近青山绿水，在大自然中领悟真理，卷起心里痴迷的帘子，让阳光照射进心中，生命就能拥有万丈光明。请问师父，怎样才能‘卷帘当白昼’呢？”

禅师招招手示意：“你把净瓶拿过来。”

弟子愣了愣，转念一想，明白师父是说要把自己心里的净瓶安放好，让自己身心纯净自在，内外像净瓶一样无垢无染，于是躬身回答：“弟子明白了，那我们又如何能够‘移榻对青山’呢？”

禅师又挥挥手：“你把净瓶放回原处吧！”

一来一往间，弟子恍然大悟！

原来天地万物的好与坏、是与非，都在一念之间。慈悲的心念若持续，就能了悟禅理得道成佛；而贪嗔的心念如果持续不消，就成了魔成了障。净瓶还是原来的净瓶，修行者却不再是原来的修行者。

一位官员去拜访白隐禅师，希望禅师带他参观真实的天堂和真实的地狱。

谁知白隐禅师听后，立即用最恶毒的话语骂他。官员十分震惊，但基于礼貌，并没有回嘴，谁知白隐禅师仍然骂个不停，官员最后实在忍不住了，随手抄起一根木棍，大声喝道：“你算什么禅师，就是个狂妄无礼的家伙，简直玷污‘禅师’的名号。”并抡起木棍追打禅师。

白隐禅师跑到大殿柱子后面，对凶巴巴追赶而来官员说：“你不是要我带你参观地狱吗？你到地狱了。”

官员立刻觉得失态，急忙放下木棍，向禅师道歉。

白隐禅师说：“看，你又到天堂了。”

是的，天下无善恶之事，只在善恶之心。善恶随心，只在一念之间。当你心存善念行善事，你便是天使，如果你心存恶意行歹事，你就是魔鬼。境由心生，天堂和地狱的存在都取决于你的内心态度。就像好与坏、是与非，不是绝对的，二者的界线就在一念之间，把握住这“一念”，“哗哗”的流水可变成悠扬的琴声，苦口的黄连也可品出蜂蜜的香甜。

汉朝的卓茂为官清正，视民如子，从来都不说一句难听的话。他走到一方，就会感化一方，深受人们的喜爱与敬仰，名冠天下。汉光武帝即位之后，第一件事就是去拜访卓茂，请他出任“太傅”，并封他为“褒侯”，而且还赐给他两个儿子官爵。

卓茂任丞相时，有一天，刚从相府骑马出来，忽然有人冲在他面前，拉着他骑的马不放，硬是说那匹马是他的。

卓茂不急不恼，反而心平气和地问他：“请问您的马丢了多久了啊？”

那个人说：“有一个多月了！”

卓茂一听就知道是对方弄错了，因为他自己骑的这匹马已经有一年多了。但是他什么也没有说，也不跟对方争辩，默默地把这匹马的缰绳解开，让那个人把马牵走了。临走的时候，卓茂还叮嘱道："如果您发现这匹马不是您的话，请您牵到丞相府还给我。"

没过多久，那个人找到了自己的那匹马，于是把卓茂的马还了回来，并且向卓茂叩头致谢。

可见，宽容与仁厚是相互依存的，宽容与仁厚不仅仅是一种胸怀，更是一种智慧和境界。人心中有爱，心中有仁慈，就会宽容与仁厚地对待他人。

难得“糊涂”，忍让是福

提起“糊涂”，人们首先想到的就是“难得糊涂”的“鼻祖”郑板桥。

郑板桥晚年在潍县担任知县，一次出门踏青，来到一处茅舍，迎接他的是一位鹤发童颜的老翁，两人相谈甚欢。郑板桥询问老翁尊姓大名，答曰“糊涂老人”。郑板桥奉为知己，相见恨晚，随即挥毫写了四字赠送：“难得糊涂”，并盖上他那颇为得意的“康熙秀才、雍正举人、乾隆进士”的印章，“糊涂老人”也不含糊，随即落上“乡试第一、院试第二、殿试第三”的印章。郑板桥见后肃然起敬，原是“糊涂老人”并不“糊涂”，是抛却“探花”美名归隐于此。

其实，郑板桥与“糊涂老人”是心有灵犀，惺惺相惜。郑板桥的仕途轨迹足以证明他的“难得糊涂”的赠言，是他自己为官之道与人生之路的自现。

乾隆初年，郑板桥考中进士后到山东做知县，前三年所管辖的是个只有几十户人家的小县衙。县里农户日出而作，日落而息，郑板桥这个县太爷每天无事可干，除了喝酒便是画画。三年后郑板桥升官，调任潍县（今潍坊）县令。上任不久便冒杀头之险为老百姓做了一件

大好事——那时山东大旱，潍县更是赤地百里，饿殍遍野。郑板桥清楚地知道，只有开仓放粮才能帮助百姓解除危难。但国库放粮，七品芝麻小官是没有这个权利的，若上报坐等批文，老百姓早就饿死了。郑板桥明知故犯，"糊涂"地开仓放粮，老百姓拍手称庆。县志上评价此事只用三个字："活万人"。

郑板桥"糊涂"之举，却心知肚明"活万人"之实效，使皇帝不敢违民心、逆民意杀他的头。此事有诗为证："衙斋卧听萧萧竹，疑是民间疾苦声；些小吾曹州县吏，一枝一叶总关情。"这首小诗，题在《衙斋听竹图》上，世人耳熟能详，成为迄今历朝反贪倡廉警世之作，而这也是郑板桥当官为民、情系百姓的真实写照。人说"三年清知府，十万雪花银"。郑板桥在山东当知县远不止三年，在他辞官返乡时，全部家当只有三头毛驴：一头驮着他，一头驮书童，一头驮着书。

老子说："知不知，尚矣"。是说，明明知道，却又装作不知，这是很高明的处世智慧。有的人外表似乎固执守拙，而内心却世事通达，才高八斗；有的人外表道貌岸然，而内心却空虚惶恐，底气不足。聪明是有天赋的智慧，糊涂则是后天的"聪明"。人贵在能集聪明与"糊涂"于一身，需聪明时便聪明，该"糊涂"处且"糊涂"，随机应变最为好，但这种境界可不是一般人能随心所欲达到的。

宋朝的吕蒙正刚任宰相不久，有一位官员在帘子后面指着他对别人说："这个无名小子也配当宰相吗？"吕蒙正假装没有听见，大步走了过去。他的随从为他愤愤不平，准备去查问，是什么人敢如此胆大包天？

吕蒙正知道后，急忙阻止了他们。吕蒙正对他们说："如果一旦知道了他的姓名，那么就一辈子也忘不掉。这样的话，耿耿于怀，多么不好啊！因此，不要去查问此人姓甚名谁。其实，不知道他是谁，对我并没有什么损失呀？"

当时很多人都佩服他气量恢宏。曾经有人向宋太宗打小报告说："吕蒙正为人糊涂。"宋太宗说："吕蒙正小事糊涂，大事不糊涂。正因如此，才适合干宰相。"

"糊涂一点"，并不是丧失原则，而是会减少很多烦恼！一个人一生当中，不知要和多少人交往，如果遇到无伤大雅、无关原则的事，不妨"糊涂糊涂"，豁达大度一些。

良宽禅师住在一个破茅棚里。一天晚上，小偷光顾他的茅棚，结果发现没有一样东西值得去偷。这时良宽从外面回来，碰见了小偷。他平静地对小偷说："你长途跋涉而来，不能空手而归。就把我身上的这件外套衣服当作礼物送给你吧。"说完脱下衣服，交给小偷。小偷手足无措，拿了衣服调头跑了。良宽坐在门前的石台上，望着皎洁的明月，心里沉吟道："可怜的人，要是可能的话，我愿意把这美丽的月亮也送给你！"

夜色退去，天渐渐亮了。禅师走出茅棚，来到石台前，忽然发现昨晚送给小偷的那件衣服，竟然被叠得整整齐齐，放在石台上。原来禅师用自己的慈悲心肠感化了小偷。他送给小偷的，不仅是一件衣服，还有一轮明月。

也许有人不禁要感叹，这良宽可真糊涂，自己穷得能入小偷之眼的东西都没有，居然还脱下穿在身上的衣服送给他。殊不知，这颗“糊涂”的心里包裹的是忍让的内里。面对小偷的行为，良宽用“糊涂的心”宽以待人，最终感化了小偷。这种教化的力量岂不是最强的？

所以生活中，做人需要“糊涂”一些，而“糊涂”表现在多一些忍让，少一些计较，这样自然能够大事化小，小事化了。忍让不是懦弱更不是胆怯，而是大度与包容。

古人云：“忍一时风平浪静，退一步海阔天空。”人如果能以宽容之心对待他人之过，就会让他人感怀于心，自惭形秽，而忍让他人，其实就是在善待自己。

墨子崇尚兼爱非攻，戒除争夺。荀子也说：“君子贤而能容黑，知而能容愚，博而能容浅，粹而能容杂。”这都是因为有大肚能容天下事的气度。曹操一把火烧了将士的“忠信表”，饶恕过错士兵；李世民不计前嫌重用旧臣魏征；闵子骞不究恩怨下跪为后母求情，古来成大事者都具备了“记人之长，忘人之短”的宽容素质，最终在人们心中留下美名。

与人相处，糊涂是福，忍让是福，“糊涂”的故事在中国历史上不胜枚举，而这种忍让的传统也是中华文明弘扬的核心内在。

史书上曾记载着这样的一个故事：

胡常与翟方进经常一起研究经书。后来胡常先做了官，名誉却不如翟方进好。为此，胡常总对翟方进怀嫉妒之心，与别人聊天时，总是说翟方进的坏话。翟方进听到这些事之后并没有以牙还牙，而是每当胡常召集门生、讲解经书时，翟方进就主动派自己的门生去请教疑难问题，并且诚心诚意、认认真真地做好笔记。时间一长，胡常就明白了这是翟方进在有意推崇自己，以后在官场上就不再做贬损翟方进的事，反而开始赞扬他了。

翟方进以退让之法化敌为友，显示了顾全大局的胸怀。有时候“糊涂”、退让不是懦弱，而是一种机智，是一种坚忍的毅力和顽强的意志。常用“糊涂”、退让和忍耐方法的人，其人生之路会变得无限广阔。

平常心是一切幸福的前提

玉文禅师问师父南泉禅师说："什么是'道'？"

南泉禅师回答："平常心。"

玉文禅师追问："有目标定下来了吗？"

南泉禅师回答："无，有目标就错了。"

玉文禅师疑惑不解："没有目标，又怎么知道是'道'呢？"

南泉禅师开示他："'道'不在"知"的范畴。"知"是一种妄觉，"不知"才是真正的智慧。得道的人虚怀若谷，不被任何事物所束缚，不被任何事物所阻碍。"

玉文禅师当即明白了"道"的道理。

佛教中崇尚"平常心是道"，其实也就是解答了人生幸福的真谛。平常心指顺其自然、不加强求的心态，也就是该睡觉时睡觉，该坐立时坐立，热的时候心静，寒的时候寻找温暖，不做过分矫饰的生活态度。这一说法，最早是由马祖道一禅师提出来的，在他的语录中赫然写着："无造作，无是非，无取舍，无断常，无凡无圣。只今行住坐卧，应机接物，尽是道。"

今天，平常心还包括能忍之不忍，能不计较就不计较等具有宽广胸怀的态度。由此观之，人应时常保有一颗平常心，内心才能不被外事烦恼，不被名利束缚，不被伤痛折磨，生活也就更为快乐。

有一位学僧用几十年的时间精心研究佛学和儒学，但却不懂禅学，于是去拜访有名的云溪禅师，希望得到开悟。

他一见到云溪禅师便问道："禅师，我精心研究佛学儒学几十年，但却不懂禅道，至今仍不能开悟，请您开示。"

云溪禅师没有开口回答，学僧正想再问，没想到云溪禅师迎面就是一巴掌，吓得学僧夺门而逃，心想："这是怎么了？真是莫名其妙，不说就不说，为何要打我？"他一边想着一边朝外面跑，正好碰到首座老禅师。

老禅师见他一脸慌张，就关切地询问："发生什么事啦？你的脸色这么差，到我那里去喝喝茶吧。"学僧随同老禅师来到了他的住处，他们一边喝茶一边聊。学僧开始抱怨云溪禅师打他的事情，就在学僧说得正起劲的时候，冷不防老禅师也给了他一巴掌，学僧刚端在手里的茶杯"哗啦"一声摔到了地上。

老禅师说道："你说你已懂得佛法儒学，只差一些禅道，那么我就让你体会体会什么是禅道，现在你知道什么是禅道了吗？"学僧目瞪口呆，愣在那里不知如何作答。老禅师又问一次，学僧还是不明白。

老禅师道："真不好意思，那就让你看看我们的禅道吧！"说罢，就弯腰把打碎的茶杯捡了起来，然后又拿起抹布，把洒在地上的茶水擦干净。做完这些，他才意味深长地对学僧说："除了这些以外，哪

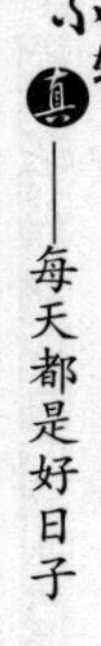

里还有什么禅道呢?”学僧大悟，后来成为得道高僧。

生活的真谛在于人拥有平常心，人生的真谛也在于人拥有平常心。人只有将自己的平常心融合到日常生活之中，对外界的一切刺激都宠辱不惊，才能真正悟出生活的本质。

佛教中有风动幡动之争的故事。

公元676年正月初八，广州法性寺印宗法师讲经，有幡旗被吹动，两个听经的法师一个讲是风在动，另一个讲是幡在动，而印宗却说:“风未动，幡也未动，而是你们的心在动。”

印宗从观察事物的另一个角度来阐明一个道理，心静而专注听经，不应感觉到风、幡在动，而感觉风、幡动，则说明心猿意马，说明精力没有放在听经上，才会注意其他事物。

静守心房，每个人都有自己的“生物场”，场静，周围乱也觉得静:场乱，周围静也觉得乱。所以佛家讲“境随心转”，“心净则一切净”。人若以平常心观不平常事，则事事平常，就像“竹杖芒鞋轻胜马，一蓑烟雨任平生。”人只有以一种平常恬静的心态去品味与珍惜生活中的酸甜苦辣，才会参透与超越人世间的功名利禄，才有可能真正实现人生的快乐和圆满。

人保持平常心最关键的是，对自己的人生价值要有正确的定位。生活的辩证法告诉我们，人恰恰要以平常心的态度对待他人和他事，才能创造出不平凡的人生价值。

换个角度看问题

台湾著名漫画家蔡志忠对人生有着细致的观察，他曾说过这样一段话：如果拿橘子比喻人生，一种是大而酸的，另一种是小而甜的。一些人拿到大的就会抱怨酸，拿到甜的就会抱怨小；而有些人拿到小的就会庆幸它是甜的，拿到酸的就会感谢它是大的。

有人做过这样一个实验：将一群蜜蜂放进一个瓶口敞开的瓶子里，将瓶底对准阳光，遗憾的是，没有一只蜜蜂能够飞出去。因为它们只想飞向有阳光的地方，却对敞开的黯淡的瓶口不理不睬，由于不懂得换一个角度看问题，最终全部撞死在了瓶底。

对同一件事物不同的角度看，会得到不同的结论。如果死钻牛角尖，只看到了其中的一方面便执迷不悟，这往往有失偏颇，甚至会造成思想的误区。因此，换一个角度看问题，你会有别样的收获。

得道高僧无德禅师声名远播，门下弟子无数，他尤以对待弟子宽厚仁慈受到众人的爱戴。

有一天，一位信徒到寺院拜佛，然后在客堂休息，他刚一坐下，就听到接待自己的侍者对年事已高的无德禅师喊道："老师，有信徒来了，快上茶。"不一会儿，又听到这位侍者喊道："老师，佛桌上的香灰太多了，您去擦一擦。”“门前的几盆菊花还要浇浇水。”“记得中午留信徒用饭。”……那位年轻的侍者隔一会儿就会吩咐一些事情，无德禅师都一一答应了。

年老的无德禅师在年轻侍者的指挥下忙来忙去，信徒看在眼里，有些不忍，于是便走上前去轻声问无德禅师：“老禅师，这侍者和您是什么关系呀？”

老禅师回答：“他是我的徒弟。”

信徒听后更加不解，说：“既然他是您的徒弟，那为什么对您如此无礼？一会儿叫您做这，一会儿要您做那，这哪像徒弟的行为！”

老禅师却非常高兴地说道：“有这样的徒弟，是我的福气：信徒来时，我只管倒茶，并不需要讲话；佛前上香换水都是他做，我只需要擦擦灰尘；虽然要我去留信徒吃饭，但却不用我去烧茶煮饭。寺内上上下下一切事务他都安排得井井有条，这让我轻松了许多。”

信徒听后仍然有些不明白，接着问道：“既然这样，那你们是老的大，还是小的大？”

无德禅师道：“当然是老的大，但是小的却比老的有用呀！”

故事中的老禅师，换个角度看问题，抱以乐观知足的心态，快快乐乐地生活着！

司马禅师要从寺院众位僧人中选一个人到大沩山去当住持。他敲钟集合全寺僧人，宣布说：“你们谁能出色地回答我一句话，就可以去大沩山当住持，这里的每一个人都有机会。”

司马禅师拿起一个净瓶，问大家："这不是净瓶是什么？"

众人抓耳挠腮，面面相觑，这明明就是个净瓶，却不是净瓶，那是什么呢？这时候，来了一个蓬头垢面的和尚，他说："我来试试！"众人一看，原来是寺内专管烧火做饭的灵佑和尚，便讥笑道："一个烧火做饭的，居然也敢来试试！"

灵佑和尚走上前，从司马禅师手中接过净瓶，放在地上，然后一脚把它踢出了院墙，转身退了下去。司马禅师惊喜地叫起来："这正是大沩山的住持啊！"

既然不是净瓶，那就一脚踢走好了，何必多说？众僧目睹了灵佑深得禅机，个个心服口服。后来灵佑和尚便去大沩山当了住持，创立了中国禅宗五大宗派之一的沩仰宗。

司马禅师的本意是：人不要过于执着，否则容易走进死胡同。亦即对待事物要善于转变思维，善于从不同角度分析问题、解决问题，如此方能胜任住持的大任。灵佑和尚一脚把不是净瓶的"净瓶"踢出了院墙，一个身份低微的烧火僧敢于在众多高僧面前展示自己的看法，就是敢于挑战权威，跳出人云亦云的圈子，他如果没有十足的勇气，怎能走出这一步？这也充分显示了他非凡的胆魄和可贵的勇气，更显示了能因势利导化解问题的智慧。

一个人无论做什么，都要有换个角度看问题的意识，都要将眼光放得远一些，看得失看得开一些，对待名利淡一些，让生命中充满淡定从容的恬适和达观的心胸，让自己永远处于"水穷之处待云起，危崖旁侧觅坦途"的境界。

有一位高僧，是一座大寺庙的方丈，因年事已高，心中思考着找接班人。

一天，他将两个得意弟子叫到面前，这两个弟子一个叫慧明，一个叫尘元。高僧对他们说："你们俩谁能凭自己的力量，从寺院后面悬崖的下面攀爬上来，谁将是我的接班人。"

慧明和尘元一同来到悬崖下，那是一面令人望之生畏的悬崖，崖壁极其险峻陡峭。

身体健壮的慧明，信心百倍地开始攀爬。但是不一会儿，他就从上面滑了下来。

慧明爬起来重新开始，尽管这一次他小心翼翼，但还是从山坡上面滚落到原地。慧明稍事休息后，又开始攀爬，尽管摔得鼻青脸肿，他也绝不放弃……

让人感到遗憾的是，慧明屡爬屡摔，最后一次他拼尽全身之力，爬到半山腰时，因气力已尽，又无处歇息，重重地摔到一块大石头上，当场昏了过去。

高僧不得不让几个僧人用绳索将他救了回来。

接着轮到尘元了。他一开始也是和慧明一样，竭尽全力地向崖顶攀爬，结果也屡爬屡摔。

尘元紧握绳索，站在一块山石上面，他打算再试一次。但是当他不经意地向下看了一眼以后，突然放下了用来攀上崖顶的绳索。然后，他整了整衣衫，拍了拍身上的泥土，扭头向着山下走去。

旁观的众僧都十分不解，难道尘元就这么轻易地放弃了？大家对此议论纷纷。

只有高僧默然无语地看着尘元的去向。

尘元到了山下，沿着一条小溪流顺水而上，穿过树林，越过山谷……最后，他没费什么力气就到达了崖顶。

当尘元重新站到高僧面前时，众人还以为高僧会痛骂他贪生怕死，胆小怯弱，甚至会将他逐出寺门。不料，高僧却微笑着宣布将尘元定为新一任住持。

众僧皆面面相觑，不知所以。

尘元向同修们解释："寺后悬崖乃是人力不能攀登上去的。但是只要从山腰处低头下看，便可见一条上山之土路。师父经常对我们说：'明者因境而变，智者随情而行'，就是教导我们要知伸缩懂退变的道理啊。"

高僧满意地点了点头说："若为名利所诱，心中则只有面前的悬崖绝壁。天不设牢，而人自在心中"建牢"。并在所建的"牢笼"之内，徒劳苦争，轻者苦恼伤心，重者伤身损肢，极重者粉身碎骨。"

随后，高僧将衣钵锡杖传交给了尘元，并语重心长地对大家说："攀爬悬崖，意在勘验你们心境。能不入名利牢笼，心中无碍，顺天而行者，便是我中意之人啊。"

世间很多人，执着于勇气和顽强者不在少数，但是往往却如故事中的慧明一样，并不能达到心中向往的那个地方，只能是摔得鼻青脸肿，最终一无所获。其实，在己之所欲面前，人们缺少的是一份换思维的方式。而换思维并不意味着信念的不坚定和轻言放弃，而是让人们拥有更多的选择和取舍的余地。

第六章

人生不靠运气——赢不在起点，输不在终点

命运的方向盘由自己把握

能够永远一帆风顺走过属于自己的人生，这是我们每个人都希望实现的理想。然而，人的一生总是难免遭遇各种失败挫折，现实的人生需要我们经历各种失败与输局，似乎这才是比较完整意义上的生活。

有两位年届 70 岁的老太太，一位认为到了这个年纪可算是到了人生的尽头，于是便开始料理后事；然而，另一位却认为一个人能做什么事不在于年龄的大小，而在于有什么样的想法。于是她给自己定下了一个更高的期望，在 70 岁高龄之际开始学习登山，随后的 25 年里她一直冒险攀登高山，其中几座还是世界上有名的。就在最近，她还以 95 岁的高龄登上了日本的富士山，打破了攀登此山年龄最高的纪录。

这个真实的例子说明，人生到底是喜剧收场还是悲剧落幕，是活的缤纷多彩还是无声无息，全在于一个人到底抱着什么样的心态。

一个老和尚肩上挑着一根扁担信步而走，扁担上挂着盛满绿豆汤的瓷壶。他一不小心失足跌了一跤，壶碎汤洒，但这位老和尚爬起来若无其事地继续走。

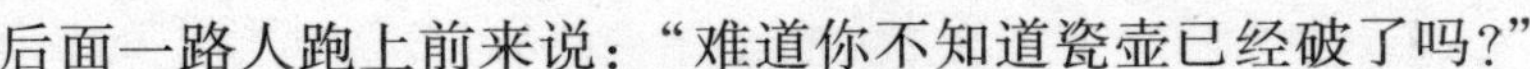

后面一路人跑上前来说：“难道你不知道瓷壶已经破了吗？”

“我知道。”老和尚不慌不忙地回答道。

“那你为何不转身，看看该怎么办？”

“壶已经破碎了，汤也流光了，我转身又能如何？”

是的，如果我们总在意每一次的成败、得失，或许就会越走心情越沉重，那今后的道路你就没办法走下去了。但如果我们有这个故事中的老和尚的心态，我们的人生之路就会走得轻松。因为，命运的方向盘是由自己控制的，所以，我们有必要让自己时刻保持乐观的心情，这样才能体会到生命的美好。

电影《教父》中，作为一个黑帮老大的教父在倒地的那一瞬间，说了一句话：生活是如此的美好。一个恶贯满盈的人在生命结束的时候能有这样的感慨，说明那位教父平日里是忽略了平凡生活中隐藏的幸福。

曾经有个小孩，他很努力地学习，从小学到初中，成绩一直很好。但高中时，他性格更内向和敏感，导致学习成绩一败涂地。高考也没有考上理想中的学校，于是，他更加内向更加自闭，并且开始自暴自弃，得过且过，一直消沉下去。在大学后，他仍是打架、逃课、挂科，在不断欺骗和自我欺骗中生活。

终于有一天，因机缘巧合，他进入了学校的排球队。尽管他此前从来没有打过排球，尽管他是个非常内向的人，不善于沟通，但是他终于鼓起勇气踏进了球馆。而就是这一次的行动改变了他的人生。在大学剩下的时间里，他的教练告诉他，当你踏进球馆的时候，你必须忘记一切。他的队员鼓励他要开朗，要自信。他的球队让他找回了久违的进取心。他每天都怀着喜悦和上进心训练、努力，终于在他结束最后一次比赛之前，他考上了研究生。

也许不是每一个人都会有这样的经历，但是生活中总会有类似的事情发生，人生有许多条道路供人们选择，年轻的人们也会在自己的路途上犯一些“迷糊”，甚至是走错了方向还不知道，因而，在面对诸如此类事情的时候，我们能否像故事中的那位小孩一样，让自己的心情学会“转弯”，在他人的忠告与自己的勤奋中成长起来，成熟起来。因为只有自己才能及时扭转自己的前进方向，结束错误的方向，让美好的前途向你招手。

成功学家说：人们在生活中最常见同时也是代价最高昂的一个错误，就是认为成功依赖于某种天才，某种魔力，某些人不具备的东西。这种想法是错误的，因为成功是积极思维的结果，是努力的结果。积极思维会改善一个人的心态，虽然并不能保证他凡事心想事成，但可以保证他向着自己的目标前进。

心理学家曾做过一个有趣的实验。被试者包括三组学生和三组白鼠。

心理学家告诉第一组的学生：“你们非常幸运，你们将训练一组聪明的白鼠，这些白鼠已经经过智力训练且非常聪明了。”

心理学家又告诉第二组的学生：“你们的白鼠是一般的白鼠，不很聪明，也不太笨。它们最终将走出迷宫，但不能对它们有过高的期望。因为它们仅有一般的能力和智力，所以它们的成绩也仅为一般。”

最后，心理学家告诉第三组的学生说：“这些白鼠确实很笨，如果它们走到了迷宫的终点，也纯属偶然。它们是名副其实的白痴，自然它们的成绩也将很不理想。”

学生们在心理学家心理暗示下进行了为期6周的实验。结果表明，白鼠的成绩，第一组最好，第二组中等，第三组最差。有趣的是，所有作为被试的白鼠，实际上都是从一般白鼠中随机取样，并随机分组。实验之初，三组白鼠在智力上并无显著差异。

那么，为何会产生如此不同的实验结果呢？显然是由于实施实验的三组学生对白鼠具有的不同态度，从而导致了不同的实验结果。简而言之，由于学生对实验抱有不同的心态，从而以不同的方式对待它们，而不同的对待方式又导致了最终的不同结果。

上述实验后来又在以学生为对象的实验中得到证实。该实验是由两位水平相当的教师分别给两组学生教授相同的内容。所不同的是，其中一位教师被告知：“你很幸运，你的学生天资聪颖。然而，值得提醒的是，正因为如此，他们才试图捉弄你。他们中有的人很懒，并将要求你少布置作业。别听他们的话，只要你给他们布置作业，他们就能完成，你也不必担心题目太难。如果你帮助他们树立信心，同时倾注着真诚的爱，他们将会给你惊喜的结果。”另一位教师则被告知：“你的学生智力一般，他们既不太聪明也不太笨，他们具有一般的智商和能力。所以，我们期待着一般的结果。”

在该学年底，实验结果表明，“聪明”组学生比“一般”组学生在学习成绩上整整领先了一年。其实在此次实验中根本没有所谓“聪明”的学生，两组被试的全都是一般学生，唯一的区别就在于教师对学生的认知不同，导致了对学生的期望态度也不同，从而以不同的方式对待他们。把学生看作是天才的老师将学生作为天才来施教，并期望他们像天才学生一样出色地完成作业。正是这种特殊的对待方式，使得一般学生有了突出的进步。

美国亿万富翁、工业家安德鲁·卡内基说过：“一个对自己的内心有完全支配能力的人，对他自己有权获得的任何其他东西也会有支配能力。”所以，如果我们能够以积极的心态去面对每一项工作，就可以让自己的心灵引擎中沸腾起无穷的能量，继而推动自己的进取心和创新意识。这样即使在平凡的工作岗位上工作着，也会创造出不平凡的业绩。

巴勒教授曾在一家诊所里做过这样的试验：他对一组处于催眠状态下的人进行诱导，让他们认为自己没有任何天赋，以至于在生活中失败了；然后他再对这些人进行了为期 14 天的临床观察和检验，从中得出的结论是——这些人有可能会患上当今时代所有类型的身心疾病。14 天以后，他又对这些人进行催眠诱导，让他们认为自己很有天赋、具有远大的目标并且完全有可能实现这些目标。这样一来，他们的临床现象马上就有了改变。被试者变得很有生气、精神焕发，步态和举止都发生了变化，血压也很稳定，身心方面的疾病特征也全都消失了。

这项试验很清楚地说明了：对自己和未来持有一种积极的态度和看法是多么的重要，而消极的态度对人们的生活将会产生多么可怕的影响。

因此，在生活中，不妨树立这样的心态：凡事往好处想，要记住：命运，是随你的心态变化的。好心态会改变自己的命运。学着接纳自己身边所有发生过的一切事情，让自己的心态积极、乐观，学会反省，过去成长中走过的路程，让自己命运之船朝着正确的方向航行。

乐观是成功的催化剂

很多人认为，衡量一个人的智力，要看他能否解决复杂的问题。事实上，衡量智力更切实的标准在于：能否每天以至每时每刻都真正幸福地生活。

几乎所有的成功学家都强调，乐观是一种积极优良的心态。一个人要是能在乐观情绪的指引下生活，心中就会有安全感，有品味生活的坦然之心。乐观会让处于困境中的人避免产生消极、软弱、沮丧的心情，使人更为顺利地走过人生的旅途。当然，乐观也是不应当盲目的、天真的，否则就会产生可怕的后果。

心理学家马丁·赛格曼创造了“乐观成功论”，认为具有乐观精神的人，更容易获得成功。他曾对某公司新招收的1000名推销员进行乐观心态的测试。有几位员工在公司的常规知识测试中不及格，而在乐观素质测试中得了最高分，他称这几位是“超级乐观者”。后经跟踪调查，他们在第一年的推销量比那些“悲观者”多20%，第二年竟高出57%，自这以后，该公司就将“赛氏测试”作为招聘新员工的主要测试手段。

乐观的人最显著的性格特点就是天性积极、乐观、友爱，对前途充满希望，不怕失败。他们有胸怀，敢于创新，比起在挫折前悲悲戚戚的人；比起心头常常密布阴云的人，更能快速调整心态。他们善于从困境中看到未来的希望；他们在疾病缠身的时候，也会积极、乐观地配合医生，使身体尽快恢复；他们在生活的艰苦磨炼中，学会遵纪守法，善于总结经验教训，能够有错必改，面对痛苦和挫折，总是鼓起勇气，从不退却。正是在与困难和挫折做斗争的过程中，他们学到了许多知识，懂得了生活之艰辛的正常以及平静、幸福生活的宝贵。

一个人的乐观程度往往在他的成功道路上扮演着重要的角色，乐观程度不同，发挥的潜力也不一样。即使是同一个人，在他乐观的时候所做出的成绩也会是他悲观时的数倍。这是因为乐观的人一般具有强烈的、积极的动机，这种动机是获得成功的最有效的保证，它可以把一个人的兴趣、热情、自信和其他能量都调动起来，形成整体效应，使行动的效果达到最佳。

一天，美国作家拉马斯·卡莱尔的《法兰西革命》一书的手稿被女仆误作为引火材料烧毁了。几年辛劳，付诸东流。一时间，卡莱尔不免捶胸顿足起来。没多久，他那了不起的心理承受力、对灭顶之灾释然一笑的乐观胸襟，使这位作家跨越了危机，重新振作起来。后来，他重新一字一句地写完了这本书。此书出版后为大众认可，成为经久不衰的名著。

可见，乐观的心态有利于开发人的创造力。人只有保持乐观心态，才会有完整的自我，而积极的思考、创造，会有机会将危机转化为有利时机，甚至让自己失败了能东山再起。一个人如果能够在一切事情不顺利时微笑，比一个遇到艰难困苦就垂头丧气的人，更具有成功的条件。而总爱以颓丧的心情、忧郁的情绪来对待生活的人，生活也不会以幸福的面貌对你。

当然，每个人的乐观程度是不尽相同的。谁都希望自己的生活愉快而充实，但生活中总会有某些不如意的事像幽灵一样困扰着我们，使我们笼罩在阴影之下：诸如自我理想与自我现实的差距，被迫从事自己不感兴趣的工作，学习成绩不好或无端受到别人的指责……。面对这些不愉快的事，有些人能够妥善地处理，经过一段时间的努力使自己的心态恢复平静；有些人则不能调整心态，要么诉诸愤怒和武力，要么独自哀怨和叹息；有的人对开创局面、摆脱困境、解决难题、实现目标总充满信心；而有的人却觉得自己搞不好人际关系、缺乏完成工作、达到目标的能力、条件或办法，只能被动地消极地由他人支配。

美国心理学家斯尼德领导的一项研究里，提出下面一个问题让人回答：“如果你原定的目标是 80 分，但一星期前发下来的第一次成绩却只有 60 分，这项成绩将占学期总成绩的 30%，你打算以后怎么办?”对这个问题的回答结果差异很大，但大致可以分为三个层次：最乐观的学生打算更加努力，想尽各种弥补的办法去达到目标；较为乐观的学生也打算想出一些方法加以补救，但实施方法、付诸行动的决心不够；而悲观的学生则表示放弃继续用功，并表现出一事无成的颓废样子。斯尼德还发现，学生的这种乐观性与他们的学习成绩有着

非常高的相关性，甚至比传统上最具权威的SAT入学测验更能准确地预测其今后的成绩。特别是在智力相当的学生中，乐观性高的学生成绩往往远远高出乐观性低的学生，究其原因是，乐观的学生会确定较高的奋斗目标，并且懂得怎样努力去实现目标。

斯尼德还发现，决定乐观的一个重要指标是人对一切事物应充满希望，即不管是什么目标，充分相信自己具有实现目标的能力和办法，这对一个人的学习、工作、生活起着至关重要的作用，并且使人在各个方面会占据更大的优势。

尽管乐观的心态是后天培养的，但正如其他生活习惯一样，这种心态也可以通过自主训练和有意识地培养来获得或得到加强。当然，首要条件是学会肃清自己心中的悲观心理，而这正是一门很重要的学问。人们应学会时时把自己的注意力放在美好的事情上而非丑陋的事情上，放在真实的事物上而非虚伪的事物上，这样我们在困境中也能看到生活中的美、生活中的好，我们也就因此而乐观起来。

对一个乐观的人来说，把心中的悲观在几分钟内驱出心境是完全可能的。但很多人在悲观时却往往不肯“开放心门”，让愉快、乐观的阳光射进来，而妄图紧闭心扉靠自己内在的力量驱逐“黑暗”。其实只要心态乐观，心中的悲观自然就会减轻很多。

那么，如何保持愉快而积极的乐观情感，减少或消除消极的悲观情感呢？

（1）正确地评价他人和他事。

乐观的情感应当是对客观评价态度的情感体验。心理学家将对待生活的态度分为四种：“我行——你也行”，“我行——你不行”，“我不行——你也不行”，“我不行——你行”。其中“我行——你也行”是一种能够产生愉快的生活的生活态度，而其他三种都有这样或那样的问题。

（2）保持情感适度的两极性。

大喜或大悲对人的健康是有损害的。只有适度地控制，冷静、理智地对待，才能对人对事客观。而这一切只有在快感度、紧张度、激动度和强度上加以调节，才会保持情感的最佳水平。

（3）要有恰当的自我评价。

与自我评价有关的情感很容易影响个人的人际关系。在自我评价时，既要看到自己的优越，也要看到自己的不足，既要避免沾沾自喜和悲观失意，也要注意扬长避短、取长补短。

（4）重在体验此时此刻的情感。

因为我们不能停留在过去，也不能跨越到未来，而是生活在此时此刻，因而积极体验此时此刻的情感，是自我实现的显著特征之一。

（5）不要逃避自己的问题。

人类天性中有一种寻求发展和实现自我的倾向，但也有逃避成长和逃避责任的问题。人应当善于发现自己的天赋，承担起责任，并发掘自己的潜能。只有这样，才会成长，才会成熟。

（6）注意培养自己健全的个性。

生活中，要努力同他人建立和睦的人际关系；冷静地反省自己在人际关系中产生的失误；多接触新思想，与不同的人交往、交流；适宜地表达自己的情绪；提高自己的独立性，减少对他人的依赖；勤奋学习，努力工作，提高生活质量，这样，才能培养健全的个性，在生活中获得更多的快乐。

成功者不是靠运气

在人类历史上，可能没有任何时代的人像今天这个时代的人更渴望成功，人们对于成功的关注达到了前所未有的高度，成功的含义被阐述得越来越深刻，尤其是成功的方法也被宣传的越来越多，以至于很多人有时颇感困惑，究竟是哪种成功方法可以复制、模仿、借鉴，让人成功最直接更快捷呢？

很多人心存了这样的想法：人人都在命运之神的掌握之中，所以，只要等待好运降临就行了。这是一个可怕的念头，对人的天赋、智慧、品格祸害最大的莫过于此。

事实上，很多时候，人们都陷入一个错误的迷宫里认为成功很难。

一位哲学家指出：“成功者的态度不是靠运气，而是源于理智。人们追求成功，靠的是应用理智面对奋斗中的各种局面。奋斗中的问题可以使人更软弱或更坚强，使人更力争上游或自甘堕落；而此时，人的理性态度极为重要。”

卡耐基曾到芝加哥大学请教罗勃·海南·罗吉斯校长如何获得成功的问题。罗吉斯回答说：“我一直试着遵照一个小的忠告去做，这

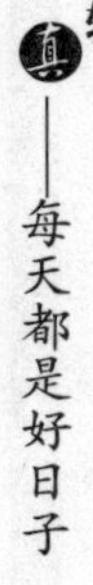

是已故的西尔斯公司董事长袭利亚斯·罗山渥告诉我的。他说：‘如果有个柠檬，就把它做成柠檬水’。”

这是一名伟大教育家给出的理智的做法：当聪明人拿到一个柠檬的时候，他会说：“怎样才能把这个柠檬做成一杯柠檬水？”而很多人的做法正好相反。他们会说：“一个柠檬能干什么。”

伟大的心理学家阿佛瑞德·安德尔说，“人类最奇妙的特性之一，就是靠理智的态度把负能量变为正的力量。”坚强的人之所以能熬得过艰苦的岁月，是由于他们理智的思考选择了乐观的态度来面对困境。

例如，要是一个人在手术中被踞掉了一条腿，多积极的想法也不能使它再长。然而，只要他以各种可能方式来发展、改进一个肢体残缺者的能力，他还是能“处理”好断腿的问题的。也就是说，一旦他决心利用假肢重学走路，那么，他不单能摆脱断肢之困，更将成为坚强的典范。

面对厄运保持理智的人，在逆境中不会轻言放弃，而是相信“天无绝人之路”，始终抱持最积极的态度来面对问题。他们知道“处理问题”是最要紧的，虽说并不一定能解决所有的问题，但以积极的态度面对，能代表自己积极进取的心态，正是这样的心态，人生中遇到的问题不成为问题。

一位住在佛罗尼达州的农夫在投资买下一片农场的时候，他觉得非常颓丧。那块地坏得使他既不能种水果，也不能养猪，能在上面生长的只有白杨树及响尾蛇。后来他想到了一个好主意，他利用那些响尾蛇创造出与众不同的效应并“生产”出了不一样的产品——响尾蛇肉罐头。这不是他一时心血来潮，而是他用理智的头脑做出的判断。几年以后，他的生意做得非常大，每年来参观他的响尾蛇农场的游客差不多有两万人；从他养的响尾蛇取出来的蛇毒，被运送到各大药厂做蛇毒的血清；响尾蛇皮以很高的价钱卖出去做女人的鞋子和皮包；装着响尾蛇肉的罐头送到全世界各地的顾客手里。这个村子现在已改名为佛州响尾蛇村，以纪念这位先生非凡的创造力。

可见，成功虽然包含众多的成分，但是，理智对待问题是首要的问题。

生活中不少人都缺乏理智的生活态度，喜欢好高骛远，感情用事，但理智的人却懂得有机会最好，没有机会创造机会也要生活的道理。

那么，如何以理智的态度对待生活呢？

（1）对自己的人生负责。

明智的人都知道“种瓜得瓜，种豆得豆”的道理，所以我们所取得的成就取决于我们所做的努力，为此我们要对自己的行为负责。

（2）发现自己的才能，追求自己的目标。

经营自己的长处能给你的人生增值，经营自己的短处会使你的人生贬值。在莎士比亚的著名戏剧《哈姆雷特》中，大臣波洛涅斯告诉他的儿子：“人至关重要的是，你必须对自己忠实；正像有了白昼才有黑夜一样，对自己忠实，才不会对别人欺诈。”波洛涅斯劝告儿子要根据自身最坚定的信念和能力去生活——即扬长避短，不放弃自己

的目标。

(3) 不逃避现实，而是要适应现实。

压力之下，许多人会变得沮丧，会失去对生活的向往和追求。还有些人会沉溺于酗酒，大量地吸烟或依赖镇静药剂。

去除压力并适应压力的理智的方法之一，就是简单地把压力作为正常的东西加以接受。如果我们把生活中的逆境和失败作为生活的常态来对待，就会帮助我们增强心灵的免疫力，防御那些消极的、悲观的各种问题。

我们要明白在通往目标的过程中遭遇挫折并不可怕，可怕的是因挫折而产生的对自己解决问题能力的怀疑。其实，挫折与困难并不能证明什么，因为我们是人不是神，所以我们不可能干什么都没有压力，相反，只要我们经受了各种各样的考验不被压力压垮，就是向成功又迈进了一步。

拥有成功者的态度，你就无往不胜

18 世纪爱尔兰裔的英国政治家和作家伯克·埃德蒙说：“生命中的战斗就像是爬山。你不想费力气就爬上去的山，不会让你有一种成就感。没有困难，就没有成功。没有奋斗，也就没有成就。困难可能会吓倒一些软弱的人；但是勇敢坚定的人，会把它当作是有益的激励。实际上，生活中所有的经验都证明，克服人类前进道路上所遇到的障碍，在很大程度上，取决于沉着的良好行为、热情、活力、毅力，还有最重要的，就是克服困难、勇敢地面对困境的坚强的决心。”

文学作品和历史中到处可见这样的人：他们多次遭受打击；他们比身边的人更缺乏成功的条件；他们生活在最恶劣的环境中，但他们总是能面对众多的失败……最终他们却成功了。

为什么？当他们周围的人失败的时候，当别人更具有天才的时候，当别人拥有更多机会的时候，当别人能够寻找更多有利于自己的资源的时候，他们不靠别人只靠自己，他们的秘诀就是：他们具有成功的态度！

艰难困苦对强者来说，犹如通向成功之路的层层阶梯；而对弱者来说，却是万丈深渊。生活告诉我们这样的哲理：“在人类的历史上

成就伟大事业的，往往不是那些幸福之神的宠儿，相反却是那些遭遇诸多不幸却能奋发图强的苦孩子。”

古往今来有许多这样的例子。德国大作曲家贝多芬由于贫困没能上大学，17 岁时得了伤寒和天花，之后，肺病、关节炎、黄热病、结膜炎又接踵而至，26 岁时不幸失去了听觉。在爱情上他也屡屡不顺。在这种境遇下，贝多芬发誓“要扼住命运的咽喉”。此后，他的意志占了优势，在乐曲创作事业中，他的生命重新沸腾了。

英国诗人勃朗宁夫人 15 岁就瘫痪在病床，后来靠着精神的力量同病魔顽强搏斗，39 岁时终于从病床上站了起来。她写的《勃朗宁夫人十四行诗》一书驰名于世界各国。

18 世纪德国诗人歌德，用 26 年的时间完成了一部不朽名著《浮士德》。作品完成后，他的秘书请他用一两句话概括作品的主旨，他引用浮士德的话说：“凡是自强不息者，终能得救！”

成功者的成功经验告诉我们，当你向成功进发的时候，挫折是你必须经受的考验，它可以提醒你去寻找和发现自身的不足之处，然后对它们进行弥补和改善。因为挫折使人们有了这样一种机会：让人们清醒地认识到事情是如何朝着失败的方向转变的，以至人们在将来能够避免因重蹈覆辙而付出更加高昂的代价。

美国成功学大师诺曼·文森特·皮尔先生通过他的书、他的文章和他激励人心的演讲，激励了世界上的许多人。他经常对那些抱怨想开展一项事业或者想做些对社会有益的事但没有启动资金的人说：“空空如也的口袋不会阻止谁干事业；能够阻止人们走向成功的，只是空空如也的脑袋和心灵!”

在一次记者招待会上，一名记者问美国副总统威尔逊“贫穷是什么滋味时，”这位副总统讲述了一段关于他自己的故事。

我在10岁时就离开了家，当了11年的学徒工，每年可以接受一个月的学校教育，最后，在11年的艰辛工作之后，我得到了1头牛和6只绵羊作为报酬。我把它们换成了84美元。从出生一直到21岁那年为止，我从来没有在娱乐上花过1美元，每个美分花出去都是经过精心算计的。我完全知道拖着疲惫的脚步在漫无尽头的盘山路上行走是什么样的痛苦感觉，我不得不请求我的同伴们丢下我先走……

在我21岁生日之后的第一个月，我带着一队人马进入了人迹罕至的大森林里，去采伐那里的大圆木。每天我都是在天际的第一抹曙光出现之前起床，然后一直辛勤地工作到天黑后星星探出头来为止。在一个个夜以继日的辛劳努力之后，一个月后，我获得了6美元作为报酬，当时在我看来这可真是一个大数目啊！每个美元在我眼里都跟今天晚上那又大又圆、银光四溢的月亮一样。

在这样的穷途困境中，我痛下决心，不让任何一个发展自我、提升自我的机会溜走。很少有人能像我一样深刻地理解闲暇时光的价值。我像抓住黄金一样紧紧地抓住了零星的时间，不让一分一秒无所作为地从指缝间流走。在我21岁之前，我已经设法读了一千本好书——想一想，对一个农场里的孩子，这是件多么艰巨的事情啊！

塞缪尔·斯迈尔斯说：“苦难对一个人来说是非常重要的，艰难困苦和人世沧桑是最为严厉而又最为崇高的老师，他们会让人们可以

学会成长。”威尔逊总统的奋斗经历恰恰是对苦难成才的最好证明。有的人只注意到他人成功时的情景，而忘却了他们成功路上的辛劳、痛苦与危难。其实在人生的征途上，人们必须要对苦难形成一个正确的认识，而且还要通过苦难得到收获。

人生之路并非都是坦途，前进的道路上，困难、挫折都是难免的，人生起起落落也是正常的，但是有一点我们一定要牢牢记住：遇困境永不绝望，更不能忧郁沮丧。无论发生什么事情，无论有多么痛苦，都不能沉溺于其中，都不能认为无法自拔，人千万不要让痛苦占据心灵，只能让快乐永远陪伴着自己。这样，成功才会不期而至。

在美国，有一个名叫雷·克洛的人。他出生的那年，恰逢西部淘金热结束，一个本来可以发大财的时代与他擦肩而过。按理说，读完中学就该上大学，可是1931年的美国经济大萧条使其囊中羞涩而和大学无缘。他想在房地产上有所作为，好不容易才打开局面，不料，第二次世界大战烽烟四起，房价急转直下，结果“竹篮打水一场空”。为了谋生，他到处求职，曾做过钢琴演奏员、急救车司机和搅拌器推销员。就这样，几十年来低谷、逆境和不幸一直伴随着雷·克洛，幸运之神似乎已经完全忘记了他。

然而，雷·克洛并没有意志消沉、怨天尤人，虽然屡遭挫折，但他热情不减，执着追求。1955年，在外面闯荡了半辈子的他回到老家，决定卖掉家中少得可怜的一份产业做生意。经过一段时间的观察，雷·克洛发现迪克·麦当劳和迈克·麦当劳开办的麦当劳汽车餐厅生意十分红火。他确认这种行业很有发展前途。当时雷·克洛已经

52 岁了，对于多数人来说，这正是准备退休、颐养天年的年龄。可雷·克洛却决心从头做起。作为餐饮行业的门外汉，他应聘到这家餐厅打工，学做汉堡包。麦氏兄弟餐厅转让时，他毫不犹豫地借债 270 万美元将其买下。经过几十年的苦心经营，麦当劳现在已经成为全球最大的以汉堡包为主食的快餐公司，在国内外拥有 1 万多家连锁分店。据统计，全世界每天光顾麦当劳的人至少有 1800 万，年收入高达 43 亿美元。雷·克洛被誉为“汉堡包王”。

雷·克洛的奋斗历程给人以深刻的启迪：生活处处有磨难，关键在于你有一个什么样的心态。人生是成功或是失败？快乐还是悲伤？幸福还是不幸？都在于自己。机遇人人都有，但要靠自己去把握，困难、坎坷人人也会遇到，但是要有一个良好的心态，要能让自己顺境不骄傲，逆境中不退缩，永远拼搏，从而改变自己的命运。

有这样一个故事。

美国的科学家进行了一个压力实验，他们挑选了一个小南瓜，在它上面套了一个铁圈，几天后，他们惊讶地发现，南瓜生长过程产生的胀力竟然冲破了坚硬的铁圈。于是，测试人员又重新套上一个，然后南瓜又将之冲断。如此反复了几十次，南瓜也在不断冲破铁圈的过程中长大了。可是令所有人迷惑不解的是，当这个瓜长大后，周围所有的其他植物全部枯死。科学家们挖开土层寻找原因时，他们惊呆了！这颗南瓜的根在二亩多地的范围内布得满满的，而且这只外表看似普通的南瓜竟然硬如钢铁。于是，科学家们明白了，在面对巨大的压力时，南瓜的根系便极力扎得更深更远，以此吸取更多的营养；它

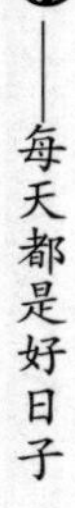

的果实，更是在不断冲击铁圈的束缚中变得越来越硬！

困境之存在与否，也许不是人能左右的，然而，对困境的回应方式与态度却完全操之在你。生命里的许多问题，其发生与否，发生时间长短，并非我们所能左右的。不过，人要能控制发生的这些问题的，并对此采取相应的解决方法，这样，就不会让它们控制你。换句话说，无论出现什么问题，人的态度才是最重要的！所以，当艰苦岁月来临时，你也许没有选择的余地，但是，你却可以决定自己怎样去面对这种岁月。

以《黑人文摘》而闻名的约翰森就是这样一个人。

童年时代，约翰森记忆最深的一件事是和母亲一起逃命。当时所有的人和动物——男人、女人、孩子、狗，猫、鸡，都发了疯似的跑，那是 1927 年，约翰森才 9 岁。他们朝高于家乡阿肯色州阿肯色城的大堤狂奔。密西西比河的天然堤被冲毁了，河水正咆哮着涌进城市。他们不顾一切地逃命。

洪水嘶喊着追逐他们，母亲用有力的手抓住约翰森的手跑。抓得那样紧，他觉得手都快碎了。好一阵子，洪水与他们近在咫尺。约翰森不知能否逃得性命，只觉得双腿沉甸甸的，心里极度恐惧。就在他几乎要倒下时，母亲却猛然加速，冲上大堤的斜坡。堤上的人伸出援救的手，把他们从潮湿滑溜的斜坡拉上安全地带。但他们所有的东西——衣服、家具和辛苦积攒的几美元钱，全葬入洪水了。

那以后，他们一切从头开始。约翰森的母亲只读过 3 年小学，随后为贫困所迫开始下田干活。但无论何时何地，她总是心情开朗，对生活满怀希望。她个头不高，很强壮，脸上总带着笑，有钢铁般的意志。她走路身板笔挺，头扬着，是个气度不凡的女人。她饱尝过痛苦、失望和恐惧，但都挺了过来，并由此生成一种特殊尊严，是那种饱经沧桑、不再对未来有任何畏惧的女人的尊严。

约翰森的家里没什么钱，但是他记忆中从没挨过饿。母亲做到了冬天让家里有火取暖；夏天，他们用旧冰箱做冰淇淋。从童年到少年，他渴望着过更好的生活。

阿肯色城的中学不招收黑人。所以，约翰森读 8 年级时，面临的毕业前途似乎仅一条，就是同祖辈一样，过一种苦力加屈辱的生活。但他没料到的是母亲的力量和她那百折不悔的决心。母亲的梦，便是送约翰森去芝加哥读中学，在那儿受体面的教育，并成为出类拔萃的人物。这是要有非凡的刚强信念的，因为这无异于倾囊下注而对底牌却全不知晓。在她看来，凡是想做的，只要奋力尝试，就一定会做成。

1932 年，约翰森毕业时，钱还远未攒够。但这并没难倒母亲，她加倍干苦工，帮码头工人洗衣和做饭，所有能揽到的活她全都包下。整个夏天，她像着了魔似的干活。约翰森也不闲着，与她同渡那段“发烧”的日子，为整整 50 名工人洗衣、熨衣和做饭。

开学前，他们还没攒够去芝加哥的车费！就在这梦想的低潮期，他的母亲做出了惊人的决定。“你继续读 8 年级，”她说，“直到我们攒够车费。”她不想让儿子像野孩子似的满街乱跑，更不想让他重操祖辈的屈辱营生。为避免这些，她宁肯让他复读 8 年级，不论读多少年，她都情愿。

周围人开始嘲笑他们。邻居好心劝她，叫她别发疯了——做这么大的牺牲，只为了一个也许永远没什么出息的孩子。母亲没说什么，只是继续使劲干活，继续做她的梦。“成功会来的，”她说，“只要我们有足够的勇气，相信自己的力量。”

终于，在1933年夏天，他们凑足了那笔血汗钱。母亲眼望北方，渴望自由的心已朝那里翱翔。但约翰森的继父始终怀疑，这样做是否明智。

继父拼命要把他们留下，为此他警告道：“你们这是在走向灾难；你们将加入到失业大军的行列，在芝加哥寒冷的冬天冻死在大街上。”约翰森深知母亲有多爱继父，所以他想，她此刻的决定是她一生中最勇敢的行动之一：离开她挚爱的男人，带儿子踏上火车，奔向陌生的远方。也许她心儿碎了，但带约翰森上车时，却看不出她有半点犹豫。她爱丈夫，但更爱知识和自由。

约翰森激动得脸儿发烧，心里既担忧，又满怀期望。那年他15岁。他发誓，从此以后，一切再不同以往了。

在母亲靠当佣人谋生赚取的收入支持下，约翰森考入了芝加哥达塞布尔中学，并以优等成绩毕业。此后，他又顺利读完大学。

1942年，约翰森开始计划办一份杂志，名为《黑人文摘》。但还有最后一道障碍需克服：他需要500美元邮费，以便向可能的订户发函。一家信贷公司愿借给他这笔钱，但有个条件，他得有一笔财产做抵押。母亲曾在他的帮助下购买了一批新家具，他请她同意用她买的家具做抵押。平生第一次，他看到母亲犹豫了。为买这批家具，母亲分期付款好长时间才买下，她当然不肯轻易失去。但经不住儿子一再缠磨，她最后说：“让我先问问上帝，看他会怎么说。”

随后一个星期，约翰森每天都回家，问母亲上帝怎样表态。“不，还没结果呢。”母亲几次都这样说。于是，母子俩便一起祷告。最后，她终于说：“上帝是希望我同意的。”

1943 年，《黑人文摘》获得巨大成功。约翰森终于能干自己梦想多年的事了：他将母亲列入他的工资花名册，并告诉她，她算是退休工人，再不用工作了。那天，母亲哭了，约翰森也哭了……

从 1918 年到母亲去世，整整 59 年，约翰森和母亲几乎每天都见面或通电话。每次当工作遇到障碍时，他就将经过告诉母亲。而母亲总是鼓励儿子：“你能闯过来的。”

曾有一段时间，约翰森所经营的一切仿佛都坠入谷底，当时的巨大困难和障碍，仿佛是他无力克服的。他心情忧郁地告诉母亲：“妈妈，看来这次我真要失败了。”

“儿子，”母亲说，“你努力试过了吗？”

“试过。”

“非常努力吗？”

“是的。”

“很好，”母亲以断然的语气结束谈话，“无论何时，只要你努力尝试，就不会失败。真正的失败只有一种，那就是不再努力！”

就这样，从小到大，约翰森每天都从母亲身上吸取到精神养料，直至获得了成功，得到了世人的广泛认可。

可见，坚强的人之所以能熬得过艰苦的岁月并最终取得了别人难以企及的成功，是由于他们拥有成功者的态度，他们勇往直前，无所畏惧，他们抱持最积极的态度来面对生活以及生活中的问题，挺直胸膛来努力迎接挑战，因此梦寐以求的荣誉就会到来。

不能甘于平庸

在生活中，甘于平庸生活的思想限制了很多人的发展。

心理学家发现，生活中许多具有才华的人，终其一生却少有所获，其原因在于他们深为甘于平庸生活或常有令人泄气的自我暗示所害。当他们做事遇到困难或尝试解决仍不能成功时便开始暗示自己："算了吧"或"放手吧"，这些消极意识常使他们思维受限，总是胡思乱想着可能招致的失败，一直到完全丧失创新精神或创造力时为止。

实际上，对于一般人来说，可能发生的最坏的事情，莫过于人的脑子里总认为自己生来就是蠢笨之人，命运女神总是跟自己过不去。当一个人非常担心失败或贫困时，当他总是想着可能会失败或贫困时，他的潜意识里就会形成这种失败或贫困思想的印象。因而，就会越来越使自己处于不利地位。换句话说，他的思想与心态，使得他正试图做成功的事情也变得"不可能"了。实际上，在我们自己的思想王国之外，根本就没有什么"命运女神"。我们是自己的"命运女神"，我们自己控制、主宰着自己的命运。

思想就是力量。人正是通过思想的力量，将自己塑造成在他人眼

中的形象、地位、才能，也塑造了自己的人生。思想是由各个方面的思维汇集在一起，正是这些细小的力量在不断地雕刻、塑造着人的品格，不断地打造人成功的基石。

美国一所大学校园里有这样一幅广告画：从左至右排列着四盏灯，左边的那盏灯明亮耀眼，右边的那盏灯却昏暗无光。这幅画表达的是什么意思呢？

画中有相邻各盏灯之间的对话。

最明亮的那盏灯对后一盏灯说："当我有了成功的想法，我就会去做。"

回答是："应该能做到。"

第二盏灯略微暗淡了些，对第三盏灯说："真的可以吗？"

回答是："不好说！"

第三盏灯变得更加昏暗了，对最后一盏灯说："我发现，周围的人都没有做成功过。"

回答是："那就放弃吧。"

于是，第四盏灯熄灭了。

想一想，当你希望有所成就时，内心的斗争是不是也像这四盏灯一样呢？我们不可能摆脱自我的思想，我们必定会沿着自我的思想在生活的道路上不断前进。

一位著名的学者说："有思想就强大。怀疑只会抑制能力，而思想就是力量。"如果你躬行践履并坚定地坚持一种积极的、建设性的、丰富的思想，那么，有朝一日，你的这种心态便会创造出你所希望的东西来。在事业上大凡有所建树的人都有坚定的思想以及永不满足、不断进取的实干精神。

美国著名律师威廉斯指出："我认为'成功'或者'胜利'这个词的定义是指最大限度地发挥你的能力——包括你的体力、智力以及精神和感情的力量，而不论你做的是什么事情。如果做到了这一点，你就可以感到满足，我认为你便是个成功者了。"

一定要像一个成功的、幸运的人一样行动；人一定要相信，如果我们能保持自信，然后全力以赴，任何事情十之八九都能成功。

斯蒂芬·柯维指导过一位女学生，这位女学生毕业后在4年内开办了四家五金店，这真是了不起的成就。这位女学生创业时只有3500美元的资金。她要应付同行的激烈竞争，同时，又缺乏经商经验。她的第四家五金行开张后不久，柯维前去道贺，并问她怎么会有这样的成就，因为很多商人一生都还只为一间店铺努力挣扎。

这位女学生回答道："我确实很努力。但是只靠早起与加班是不可能赢得这4家店面的。这一行大部分的人都是很努力地工作的。我的成功主要是靠我自创的'每周改良计划'。其实这也没有什么特别，它只是一种帮助我每过一周，就可以把工作做得更好的计划罢了。"

"为了使我的思考上轨道，我把工作分为4项：顾客、员工、货品、升迁。我每天把各种改进业务的构想记录下来。然后，每星期一的晚上，我花4小时检视一遍我写下的各种构想，同时考虑如何将一些较踏实的构想应用在业务上。在这4小时内，我强迫自己严格检讨我的工作。我不会仅仅盼望更多的顾客上门，而且还会问自己：'我

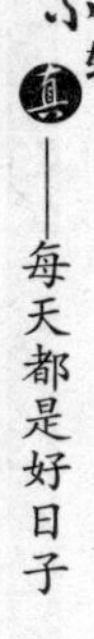

还能做哪些事情来吸引更多的顾客？'‘怎样开发稳定、忠实的老主顾呢？'同时，我还做了一些相应小小的创新行动，比如，改变商品的陈列方式；‘实施‘信用计划’，使顾客得以延期支付货款，以及‘购买竞争计划’使淡季销售额仍能增加。”

人的每一天实际上都在“决战”。因为昨天的成功，并不能保证今天的胜利；昨天的挫折，也不一定就导致今天的失败。每一天的实干才是最重要的。生活中很多雄心勃勃的人本来满怀希望地从事自己认为很有可能成功的事业，但由于受思想局限，因各种原因在“半路”上停了下来，导致事业失败。

有一天，尼尔去拜访毕业多年未见的老师。老师见了尼尔很高兴，就询问他的近况。

这一问，引发了尼尔一肚子的委屈。尼尔说：“我对现在做的工作一点都不喜欢，与我学的专业也不相符，工作枯燥无趣，工资也很低，只能维持基本的生活。”

老师吃惊地问：“你做的是什么工作呢？”

“是每个人都会干的熟练工作，哎，找不到更好的发展机会。”尼尔无可奈何地说。

“噢，既然不适合现在的位置，为什么不再去多学习其他的知识，找机会自己跳槽出去呢？”老师劝告尼尔。

尼尔沉默了一会说：“我运气不好，估计什么样的好运也都不会降临到我头上的。”

“永远做梦，却不知道机遇都被那些勤奋和跑在最前面的人抢走了。你总躲在阴影里走不出来，哪里还会有什么好运呢？”老师说，“一个没有进取心的人，永远不会得到成功的机会。”

老师这是在告诫尼尔，“当别人在为事业和前途‘冲杀’时，如果一个人把时间都用在了闲聊和发牢骚上，根本不去想用行动改变现实的境况，又如何能有成功的可能？这样的人只会在失落中徘徊。”尼尔老师这样的建议适合所有正在为追求成功而努力的人。当然，除了牢记进取，还可以参考如下建议：

（1）选择自己可以接受的限制。

有些天生的限制我们无法改变。比如，身体残疾。对待这种情况，明智的办法是去发展自己不受限制的大脑。

（2）突出自己的优势。

赢家永远都知道突出自己的优势，并把自己的主要精力用在这上面。天才毕竟是少数，每个人都应该挖掘自己的优势，进而把它扩大化。不用多久，自信心便会大增。

（3）从挫折中奋起。

受过挫折和有过艰难经历是一种财富。俗话说：“失败是成功之母。”从失败和挫折中汲取有用的经验和教训，必将增强你的进取心。只有那些什么也不做的人，才不会有挫折。当然，自信不会来自挫折本身，但失败和挫折能够教给人许多有用的东西。而这些东西一旦被你所牢记，日后便成了巨大的财富。

（4）胸怀大志，向更高的目标挑战。

古罗马哲学家小塞涅卡说：“有些人活着没有任何目标，他们在

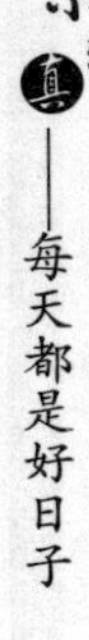

世间行走，就像河中的一棵小草。他们不是在行走，而是随波逐流。”有限的目标会造成有限的人生，不想当元帅的士兵，不仅永远当不上元帅，更无法成为一个好士兵。没有大目标的人就如井底之蛙一般没有远见，只会待在自己的一井之底中。

在西方流行这样一句格言：“伟大的目标构成伟大的心。”一般来说，没有志向或志向很低的人必定是无所作为，而志向高的人作为就会很大。胸怀大目标的人，既不会为眼前小小的“成绩”所陶醉，也不会被暂时的挫折所吓倒。他们心中十分清楚，在实现目标的过程中，肯定会遇到一些艰难险阻。

伟大的目标可以产生伟大的动力，伟大的动力促使人进行伟大的行动，伟大的行动必然会成就伟大的事业，这个成功规律永远不会改变。因此，不甘于平庸，让自己有一个远大的目标，就能够高瞻远瞩，促使自己努力再努力，克服阻碍，取得事业上的成功。

成功者不一定认为自己最棒，而是相信自己能做到

成功学大师拿破仑·希尔说："为了有效解决问题，首先你要强烈地相信自己能够做到。"他所强调的就是自我效能感。其实，很多的困难只要你能拿出勇气主动去试一试，也许你很快就能排除想象中的障碍，铺平走向成功的道路。

拿破仑·希尔曾经做过一个这样的试验，他问一群学生："你们有多少人觉得我们可以在30年内废除所有的监狱？"

学生们觉得老师的问题简直不可思议，这可能吗？他们怀疑自己听错了。一阵沉默以后，拿破仑·希尔又重复了一遍："你们有多少人觉得我们可以在30年内废除所有的监狱？"

确信拿破仑·希尔不是在开玩笑以后，马上有人站起来大声反驳："这怎么可以，要是把那些杀人犯、抢劫犯以及强奸犯全部释放，你想想会有什么可怕的后果啊？这个社会别想得到安宁了。无论如何，监狱是必需的。"

其他人也开始七嘴八舌讨论："我们正常的生活会受到威胁。""有些人天生坏改不好的。""监狱可能还不够用呢！""天天都有犯罪案件的发生!”还有人说有了监狱，警察和狱卒才有工作做，否则他们都要失业了。

拿破仑·希尔不为所动，他接着问：“你们说了各种不能废除的理由。现在，我们来试着相信，如果可以废除监狱，假设说可以废除，我们该怎么做。”

学生们开始勉强把设想当成试验，开始静静地思索。过了一会儿，才有人犹豫地说：“成立更多的青年活动中心，应该可以减少犯罪事件。”不久，这群在10分钟以前坚持反对意见的人，开始热心地参与了，他们纷纷提出了自己认为可行的措施。“先消除贫穷，低收入阶层的犯罪率高。”“采取预防犯罪的措施，辨认、疏导有犯罪倾向的人。”“借手术方法来医治某些罪犯。”……最后，总共提出了78种构想。

可见，在很大程度上，我们的想法决定了事情的结果。当你认为某件事不可能做得到时，你的大脑就会为你找出种种做不到的理由。但是，当你真正相信某一件事确实可以做到，你的大脑就会帮你找出能做到的各种方法。

20世纪70年代，美国当代著名心理学家斯坦福大学心理学系教授阿尔伯特·班杜拉通过研究提出了“成功者不一定认为自己最棒，而是相信自己能做到”的理论。他说，成功人士的重要特质之一是具有“自我效能感”。

成功的人，在他们还是不起眼的小人物时就深信自己一定能做成某件事。他们相信，自己虽然目前不怎么样，但这没有什么；自己不如别人，这也无所谓，重要的是，他们相信，“自己”只要充分发挥效能，将眼前的事情做好，最终会成功。因此他们会认为：

“我虽笨，但我努力可以做成这件事！”

“我虽丑，但我偏偏也可以做到那件事！”

“我虽穷，但我无论如何都不放弃，力争做成这件事！”

这些拥有高度“自我效能感”的人认为：“成事不在天，而在我本人”！我拥有每一分对自我的控制权，我会决定我做事是否会做成功！因为他们有这种认识，所以，即使遇到了挫折和障碍，他们也能爬起来继续走！

而缺乏自我效能感的人常常是性格软弱和遇事退缩、放弃的人。著名的推销员金克拉曾有过切身的体会。

金克拉曾参加过一个由梅里尔先生指导的全日制培训课程。

培训结束后，梅里尔先生将金克拉留下说：“你有许多能力，你可以成为一个了不起的人，甚至一个全国优胜者。我绝对相信，如果你真正投入工作，真正相信自己，你能冲破一切困难获得成功。”

金克拉细细品味这些话时，他惊呆了。我们必须理解金克拉当时的处境，才有可能意识到这些话对他有多大的影响。他回忆道：“当我是个小男孩时，我长得很小，即使穿得最多时，也没超过 120 磅。我上学后，从五年级开始，放学后和周六的大部分时间都在工作，运动方面也不是很活跃。另外，我还很胆小，直到 17 岁才敢和女孩约会，而且还是别人指定给我的一个盲目性约会。我是一个从小镇中出来的小人物，希望回到小镇一年赚上 5000 美元，我的自我意识仅限

于此。现在却突然有一个我很尊敬的人对我说：‘你能成为一个了不起的人’！我觉得太不可思议了。”

所幸的是，金克拉相信了梅里尔先生，开始像一个优胜者一样思想、行动，时时处处以优胜者的行为要求自己，并把自己看成是优胜者，最终，他真的就像个优胜者了。

金克拉成功后曾说：“梅里尔先生并未教我很多推销技巧，但那年年底，我在美国一家7000多名推销员的公司中，推销成绩列第2位。我常开的破旧的二手车变成了豪华的小汽车，而且职位还有望获得提升。第二年，我成为全州报酬最高的经理之一，再后来我成为全国最年轻的地区主管人。”

金克拉遇到梅里尔先生后，并没有获得一系列全新的推销技巧，也不是他的智商提高了多少点，只是梅里尔先生让他确信自己有获得成功的能力，并给了他完成目标和发挥自己能力的信心。如果金克拉不相信梅里尔先生，梅里尔先生的话对他就不会有什么影响。

为了获得理想的人生，成为生活中的幸运之人，我们必须相信，我们“能行”，我们一定要有无论付出多大代价，都要把事干成功的思想。

但假如一个人不追求成功、不期待成功，他最多只能过平庸的日子，他不仅浪费了时间，甚至浪费了他自己的天赋。

艾列克在大学主修音乐。同学鲍波对他对音乐全身心地投入、每天花那么多时间练琴而感到相当敬佩。毕业后，艾列克顺利申请到了奖学金继续深造。

不久后，鲍波去拜访他。艾列克告诉鲍波他现在每天仍苦练 8 ~ 10 个小时的琴。鲍波并感到不意外，他相信艾列克成为钢琴家的梦想最终能够成真。

一年之后，鲍波又见到艾列克。不料，艾列克却整个人都变了。艾列克虽申请到最好的音乐学院的奖学金，但只读了 8 个月就中途辍学了，他之所以做此决定，部分原因就在于：他常常得在不同的听众面前演奏，并接受各类批评。他得到的批评不一而足——有的极中肯，有的却流于恶意攻击，因此他一蹶不振。

鲍波来看他时，他已有整整一个月没碰他心爱的钢琴了！他深陷沮丧消沉之中，他的现状也令他的父母十分担忧。

不管鲍波怎么劝，都没法让艾列克释怀。那些批评像利剑一般刺入他的心中。他在心理上无法对“恶评”设防，因而丧失了追求梦想的勇气。艾列克决定改行去做老师，回大学去拿教育学位。朋友和家人无论怎么劝他，他甚至连“教音乐”也不愿意。

鲍波为自己的同学感到遗憾：他是那么有天分，然而却因为一些负面的批评而阻碍了他让自己梦中得到完美实现的机会。

一位学者指出，世界上有三分之二的人营养不良，差别只是程度不同。同样地，世界上信心不足的人也有三分之二，也只是有着程度的不同。营养不良，使人的身体无法正常发育；信心不足，则使人的潜能无法发挥。

自我效能感是比金钱、势力、家世、亲友更有用的条件。它是人生可靠的资本，能使人努力克服困难，排除障碍，去争取胜利。

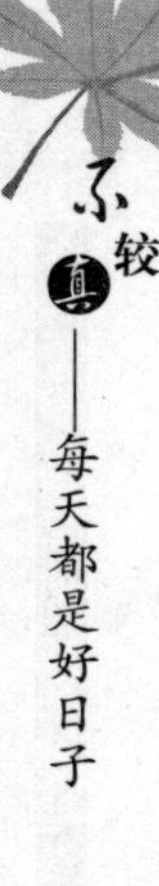

自我效能感可以使思想充满力量，人在强有力的自信心的驱策下，会把自己提升到无限的高峰。

“天生我材必有用”，这是自我效能感的具体表现，如果我们不能充分发挥并表现自己的自我效能感，这对于世界，对于自己都是一个损失。

那么如何最大限度地发挥自我效能感呢？一位著名的学者指出：“成功者不一定认为自己最棒，但是知道扬长避短发挥自己的优势，当然知难勇进是一种魄力，但知难而退也是一种智慧；知难而退并不是退，是以退为进，为进做更好的准备。所以说，懂得后退有时比知难而进更重要，更富有远见。

下面的这个故事或许能带给我们某些启示：

某警察局新聘了一批警察，单位对他们进行业务培训。培训期间，学员们组织了一个篮球队。局长下班后，常来看他们打篮球。教官们便悄悄地告诉他们，要在球场上好好表现自己，局长对他们每个人的印象将会决定他们集训后的岗位分配。

年轻的小伙子们明白，他们职业生涯中第一次竞争已经无声地开始了。于是在认真受训之余，他们都在球场上拼命地表现自己。每个人都希望通过自己出色的技术动作、奋力拼搏的打球精神引起上司的注意。

当别人在篮球架下越战越勇时，他们中有一个学员却越来越灰心，他是全班个子最小的，而且从小就对篮球不太感兴趣。在队友们高大灵活的身躯下，他只能当配角。每次他被别人的假动作迷惑，扑空后，观众席里就会传出阵阵笑声。有一次，他分明看到局长站在边上，边看边摇头。他不想当别人的笑料，下决心苦练球技。每天，一有空闲，他就一个人抱着篮球在场子里练习。可他发现，如果没有天赋和兴趣，只有压力，他是无论如何也打不好篮球的。比赛时，他照样经常被人“盖帽”，带球时被人“断球”是家常便饭。他对自己感到失望了，他不敢想象，自己刚一上班就成了上司和同事眼中的小角色。

有一天，懊恼的他无意间看了一本书，书上有句话深深震动了他：“不要把你的钱投在不熟悉的领域。”他立刻在脑海中引申出另一句话：“不要在必败的领域里和人竞争。”他幡然醒悟了：“我干吗非要打篮球呢？我并不具备打好篮球的身体素质！更重要的是，我对打篮球不感兴趣。”最后，他毅然退出了篮球队。等到别人再比赛时，他成了一个观众，与普通观众不同的是，他手里多了台照相机。

没过几天，一篇名为《新警察们的一天》的短文刊登在当地晚报上，还配有他们打篮球的照片。这篇文章立刻引起了学员们的关注，更引起了上司的注意。此后，这名学员接二连三地在报纸上发表一系列作品。集训结束后，局长直接把他调进了办公室当秘书。

人生就是一场竞技，你的实力稍差或暂时走弯路没有关系，关键在于能否让自我效能最大化。坚强和毅力固然可敬，但只有在正确的方向下才会发挥作用，否则就会变成一种盲动。很多时候，人更需要的是扬长避短的智慧。不适合做学问的，或许可以去做生意；不适合做生意的，或许可以去踏踏实实的创业……

一个人要实现自己的人生价值，就得选择最适合于自己去做的事，也就是自身素质能够满足要求的事，客观条件许可的事，这几种因素缺一不可，再加上恒心和毅力，才能有希望充分发挥自我效能感，有较大的把握把事情做好。

悄悄地规避一些不合情理的条条框框

生活中有很多要人们遵守的规则，俗话说：没有规矩不成方圆。但有人会说，规则都是我们必须遵守的吗？是，规则必须遵守，但可以选择如何做！你看流水在前进的道路上，遇到了障碍会怎么样？它会慢慢累积，当达到一定高度时，它要么漫过障碍，要么绕过障碍，要么推倒障碍。在很多时候，绕过障碍是一种最轻松、最简便的选择。流水的行进方式可以给我们对待规则带来很多启迪。

在西方，流传着这样一个寓言故事：

有一条河流从遥远的高山上流下来，经过了很多个村庄与森林，最后它来到了一个沙漠。它想："我已经越过了重重的障碍，这次应该也可以越过这个沙漠吧！"当它决定越过这个沙漠的时候，它发现它的河水渐渐消失在泥沙当中，它试了一次又一次，总是徒劳无功，于是它灰心了："也许这就是我的命运了，我永远也到不了传说中那个浩瀚的大海。"它颓丧地自言自语。

这时候，四周响起了一阵低沉的声音："如果微风可以跨越沙漠，那么河流也可以。"原来这是沙漠发出的声音。

河流很不服气地回答说："那是因为微风可以飞过沙漠，可是我

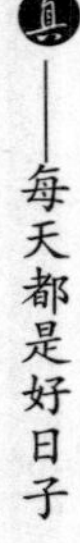

却不行。”

“你愿意放弃你现在的样子，让自己蒸发到微风中吗。”沙漠低沉说。

河流从来不知道会有这样的事情：“放弃我现在的样子，然后消失在微风中？不！不!”河流无法接受这样的概念，毕竟它从未有过这样的经验，叫它放弃自己现在的样子，那不等于是自我毁灭了吗? “我怎么知道这是好方法?”河流问。

“微风可以把水气包含在它里面，然后飘过沙漠，到了适当的地点，它再把这些水气释放出来，于是就变成了雨水。然后雨水又会形成河流，继续向前进。”沙漠很有耐心地回答。

“那我还是原来的河流吗?”河流问。

“可以说是，也可以说不是。”沙漠回答。“不管你是一条河流或是看不见的水蒸气，你内在的本质从来没有改变？你会坚持你是一条河流，因为你从来不知道自己内在的本质。”沙漠回答道。

此时，在河流的心中，隐隐约约地想起了似乎自己在变成河流之前，似乎也是由微风带着自己，飞到陆地中某座高山的半山腰，然后变成雨水落地，才变成今日的河流。于是河流终于鼓起勇气，投入微风张开的双臂，消失在微风之中，让微风带着它，奔向它生命中（某个阶段）的归宿。

这个寓言很有意思。因为我们的生命历程有时也像河流一样，想要跨越生命中的障碍，达成某种程度的突破，往理想中的目标迈进，需要灵活变通，不可盲目地一味勇往直前。

当然，每一天，都会发生许许多多的突发情况。

有位著名的作家曾写道：“如果你觉得目前自己前途无望，觉得周围一切都是黑暗惨淡，那么你应当立即转过头，走向另一面，朝着希望和期待的阳光前进，而将黑暗的阴影尽数抛弃。”这段话对于面临各种情况中的人们很有启示意义。比如，当你此刻正在迷茫或深陷困境时，在“泥潭”中难于自拔时，换一种思维，看看能否走出困境，走出泥潭，解决问题。

20 世纪 60 年代，很多田径教练都这样指导跳高运动员：跑向横竿，头朝前跳过去。理论上讲，这样做没错，显然你要看着跑的方向，一鼓作气全力往前冲。可是有个名叫迪克 · 福斯贝利的，他临跳时转身，用反跳的方式过竿。即当他快跑到横竿时，他右脚落地，侧转身 180°，背朝横竿鱼跃而过。《时代》杂志上称之为“历史上最反常的跳高技法”。当时大家都嘲笑他，把他的创举称为“福斯贝利之跳”。还有人提出质疑——此种跳法在比赛中是否合法。但令专家懊恼的是，迪克不仅照跳他的，而且还在奥运会上“如法炮制”并一举获胜。今天，这种跳法已成为人们的必然方式。

很多情况下，“传统智慧”在新的时代会表现出捉襟见肘现象；因而只有敢于挑战不合理现象的人，社会才能够取得长远的发展。否则就会和下面的这些毛毛虫一样可怜可悲。

法国著名科学家法布尔发现一种很有趣的虫子，这种虫子都有一种“跟随者”的习性，它们外出觅食或者玩耍，都会跟随在另一只同类的后面，而从来不敢换一种思维方式，另寻出路。

法布尔做了一个实验，他捉了许多这种虫子，然后把它们一只只首尾相连放在了一个花盆周围，并在离花盆不远处放置了一些这种虫子很爱吃的食物。一个小时之后，法布尔前去观察，发现虫子一只紧接一只不知疲倦地在围绕着花盆转圈。一天之后，法布尔再去观察，发现虫子们仍然在一只只首尾相连地围绕着花盆疲于奔命。七天之后，法布尔再去看时，发现所有的虫子已经一只只首尾相连地累死在了花盆周围。

法布尔在他的实验笔记中写道：这些虫子死不足惜，但如果它们中的一只能够越出雷池半步，换一种思维方式，就能找到自己喜欢吃的食物，命运也会迥然不同，最起码不会饿死在离食物不远的地方。

其实，换换思维方式生存的不仅仅是虫子，还有比它们高级得多的人类。

世上的事情有时就是这样让人难以置信：如果你一味墨守成规，拘泥于规则无法突破，等待你的只有失败；相反，如果我们多换换思维方式，也许就可能轻松地跨越障碍。

无论在事业或生活的任何方面，我们都可能需要规避一些阻力，尝试恰当的冒险。当然，在冒险之前，我们必须清楚地认识那是一种什么样的冒险，必须认真地权衡得失——在时间、金钱、精力以及其他方面进行牺牲或让步。人要记住，规避不是逃避，冒险也不是蛮干，变换思维方式更不是投机取巧。当出现难解问题时，首先应该问自己："我是否应换种方式对待它们？"

第七章

经常换换心情——也就是换了一种生活

保持从容淡定是优雅的生活态度

一个人是否活得滋润，是否幸福，取决于本人修养，抑或说心性。有些人无论遇到什么事，都不会大喜大悲；不管境遇怎样，都能承受住生活中的酸甜苦辣。这样的人从不把自己视为生活的机器，工作的奴隶。他会该休息时就休息，该思考时就认真思考，该努力时就努力；他会与时间赛跑，但不盲目或不顾自身条件，他不浪费时间，但干起事来却可以取得事半功倍的效果。

一位哲人说："影响我们人生的绝不是环境，也不是遭遇，而是我们持有什么样的心态。"佛家说："一水四见。"即是说水对人来说，是生命之源；对鱼儿来说，是它们的房子；对鬼道众生来说，是烈火；对天神来说，则是晶莹剔透的水晶。这就是告诉我们认识事物的态度不同，看法也各异。

1935 年 4 月，罗斯经营了五年多的化肥厂宣布停产，公司的倒闭对于罗斯来说打击太大了。这时他已经 48 岁了，他拖着两条像灌满了铅的腿，垂头丧气地回到了家里，坐在家中，突然有许多从未想过的问题——关于生命、金钱、人生的价值，还有活着的意义，一时间塞满了罗斯的整个大脑。然而，他并没有像有些落魄者那样让脑子一

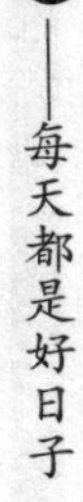

团糟的状态持续太久，而是迅速理清思路，重新设计了自己的人生规划。

为了还债和挑战自我，罗斯背上空空的行囊踏上了前往阿拉斯加的路途。当罗斯来到人潮汹涌的码头时，被眼前的景象惊呆了：不要说劳务市场里人山人海，就连附近一些还未竣工的楼房里，都东倒西歪地躺满了没找到活的民工，看到这些衣衫褴褛的落魄民工，谁都会禁不住倒吸一口凉气。

尽快找到一份工作，这是罗斯唯一的愿望。然而当时正值生产的淡季，绝大部分工厂不招工，奔波了数天的罗斯一无所获。由于兜里的资金有限，他不得不离开了那家一个晚上 15 美元租金的小旅馆。当时露宿街头是十分危险的，在昏黄的灯光下，罗斯终于在一个立交桥下的桥洞里找到了住处。为了生存，罗斯开始了捡垃圾的工作。一分汗水一分收获，罗斯平均每天可以挣 60 美元左右。可是，随着“拾荒队伍”不断地扩大，“货源”一天天地减少，有时挑着担子跑了几十里，收获却寥寥无几。

这时，已存有 1 万美元的罗斯发现街头有几家俄罗斯烤羊肉串，便也照葫芦画瓢地干了起来。

刚开始时，罗斯的生意不如那些俄罗斯人好，但他肯动脑筋，知道顾客对餐饮最关心的就是卫生。所以，他把自己的衣服洗得干干净净，烧烤用具擦得锃光瓦亮，盘子里的羊肉串摆得整整齐齐。这一招很有效，人们开始涌向罗斯的烧烤摊。这时，他又在质量上下功夫，不仅向同行学习，还向顾客请教，结果罗斯烤出的羊肉串，清洁卫生，香气扑鼻。后来，罗斯的摊位由一个增到2个、3个……随着规模的不断扩大，他的烧烤店成了阿拉斯加街头颇有影响的烧烤点，最后他创办了罗斯羊肉食品公司。

人生如海总有沉浮，沉浮时冷静者必有过人之处。罗斯的成功关键在于失败时并没有怨天尤人，也没有自暴自弃，而是选择了艰难的重新开始。罗斯不但没有气馁，还保持了敏锐、冷静的心态，并调整好情绪，抱一颗奋发之心不停地发现商机，最终一步一个脚印取得了成功。

相传在明朝，有一位泉州秀才梁炳麟赴京去会考。

考完试以后，梁炳麟自觉考得不错，便心情愉快地回泉州等待放榜。途经扬州时，他借宿在一间天公庙里。晚上睡觉时，他梦到福禄寿三仙在唱词作乐，词意优雅，清晰可闻。

第二天，梁炳麟起床后，自以为得了吉兆，就到大殿去抽签。结果，他抽中的签真是上上签。

三篇文章入朝廷，

中得三顶甲文魁：

功名威赫归掌上，

荣华富贵在眼前。

梁炳麟以为自己一定可以高中状元，就兴致勃勃地回到泉州等待佳音。不料，放榜时他竟然名落孙山。梁炳麟心灰意冷。

随后，梁炳麟借表演木偶戏来生活，也借此抒发自己的情感，他自创戏文，演给乡亲娱乐，没想到大受欢迎，在泉州一带造成轰动，

常有人不远千里走路来看他演戏。梁炳麟找到寄托，从此无意仕途。

有一天，他正在演一出文状元的戏时，突然想起从前抽签的签诗："功名威赫归掌上，荣华富贵在眼前"，这才知道签诗中深远的含义。

梁炳麟自此更潜心创发木偶戏，最终成为木偶戏的一代宗师。他的徒子徒孙更进一步发扬他的技艺，使木偶戏成为明朝以来闽南最重要的戏剧形式，梁炳麟也因此名传青史。

这是一个很有寓意的故事，木偶戏祖师梁炳麟，成功于"掌上"，然而更多的人默默无名，造成他们如此结果的也是"掌上"，人的际遇真的逃不出"掌上"的控制。

生活中，很多人说："再争也争不过命，人算不如天算。"三国诸葛亮也说："谋事在人，成事在天。"这是真的吗？如果成事在天，那么一定需要人来谋事。如果人不谋事，天如何能成事？所以，心态是关键。正所谓："横看成岭侧成峰，远近高低各不同。"由于人们对待事物的认识不尽相同，对待事物的态度就会有所区别，所以心态积极的人即使在最艰难的时候也能看到光明的前方；心态消极的人即使在胜利的彼岸，也看不到光明的未来。

有这样一个古代故事：

一个算命的先生给两个同一天出生的孩子算命，说一个孩子出生的时辰好，将来可以做国王；而另一个孩子出生的时辰很差，将来会当乞丐。被算能做国王的孩子全家都非常高兴，被算作乞丐命的孩子全家都很灰心。

然而，那个被算作乞丐命孩子的妈妈过一段时间后对自己的孩子说：“孩子，其实你才是那个好时辰生的，将来能做国王，是妈妈怕你骄傲，故意说错了时辰。”于是，这个孩子学习非常刻苦，多年以后，真的做了国王。而那个被算作国王命的孩子认为自己是天生的国王料，不思进取、好逸恶劳，多年后却沦落为乞丐。

这是多么大的讽刺啊！具有国王命的孩子成了乞丐，而具有乞丐命的孩子却成了国王。

很多人抱定“只问耕耘，不问收获；还有些人抱定不断耕耘，必有收获”的心态，这两种都有误区。耕耘是必需的，收获也要常“问”。在没有取得值得自己和家人骄傲的成绩时，人要经常反思：“我努力得够吗？竭尽全力了吗？”

有一位安妮小姐，是做客户服务的，每天工作的主要内容就是接客户的订单。通常一天要接几十份订单，每个客户都会催着她快点把订单做出来，每一张订单还要经过反反复复地修改。不断有电话、传真过来，同时又要面对客户的投诉。这样日复一日，她觉得工作既无趣又把自己折腾得身心俱疲，有时候真是难以支撑下去了，以前想象的工作乐趣根本找不到。每个季度公司开总结会布置新任务的时候，安妮就会不断地问自己，这样的日子何时是尽头。她真想大叫一声：为什么会出现这样的情况呢？

安妮是心态出了问题，安妮把工作当成了牢笼。如果安妮热爱工作，就会把工作视为有趣的事物，就能身心愉快、井井有条地工作。

心理学家们发现，从某种意义上讲，调整好自己的心态，就调整

好了人生。比如在好的心态中工作，就能做到专注，而创意也比较丰富，解决问题的能力也会大增，同时更有弹性及适应力来面对挫折及困难。事实上，好心态是可以有意识训练的，好心态也需要自己去培养和创造。

有一首《宽心谣》说得好：

日出东海落西山，愁也一天，喜也一天。

遇事不钻牛角尖，人也舒坦，心也舒坦。

每月领取活命钱，多也喜欢，少也喜欢。

少荤多素日三餐，粗也香甜，细也甘甜。

新旧衣服不挑拣，好也御寒，赖也御寒。

常与知己聊聊天，古也谈谈，今也谈谈。

内孙外孙同样看，儿也心欢，女也心欢。

全家老少互慰勉，贫也相安，富也相安。

早晚操劳勤锻炼，忙也乐观，闲也乐观。

心宽体健养天年，不是神仙，胜似神仙。

看看，这种境界是多么值得我们追求啊。

多做善事，多开善门

一直以来，我们已经习惯了“有付出就有回报”的说法。只要遇到需要自己付出的时候，总是会在心里计算着，我所要付出的那些能够换回相应的回报吗？换回的回报比得上我付出的价值吗？很多人一旦付出，发现得到的比预期要少，必定会闷闷不乐。而当自认为付出了很高的代价，却一无所获时，更是悲愤莫名，或是怨别人不懂感恩，或是愿上天不公平。

曾经有一位居士对禅师说：“好人难做，善门难开。所以，要做小好人，不能做大好人；要做小好事，不能做大好事；要开小善门，不能开大善门。”禅师问他为什么？他说：“当一个人饥饿的时候，你给他一斤米，让他拿回家煮饭，他会非常感激。因为缺了这一碗饭，他可能就活不下去了。但如果你把没饭吃的人养在家里，天天给他饭吃，当你请他帮忙做事的时候，他可能就会起反感：‘有什么了不起，我只是吃你几口饭而已，你把我当成什么了？’渐渐的，这种心理上的矛盾、冲突就会出现。”

这位居士的说法其实是片面的，但有一定的代表性。

在日常生活里，大家都希望遇到“贵人”，盼望能有“贵人”相助。不过有些人在获得别人援助时，却常常认为这是理所当然的，甚至埋怨对方："你只帮了一点忙是不够的，应该继续帮下去才对！"更有甚者，"贵人"已经出现在眼前了，却还有眼不识泰山，认为对方多管闲事。如果遇到存有这种心态的人，就像"狗咬吕洞宾，不识好人心"。吕洞宾因为好心，拿了一些食物喂狗，结果那只狗不但不感激，还反咬他一口。社会上这种情况确实有，比如，你帮了对方的忙，他不但不知道感恩，甚至怪你多事；还有些人，不管你怎么善待他，他就是不满意，可能还会反过头来恩将仇报。遇到这种事，实在让人心里很难平衡，这时候该怎么办呢？

其实，你所有的付出都是你自己的决定，是你的自愿行为，付出只是自己的事，但回报却是别人的事，你只能掌控自己，不能掌控他人。所以，我们做善事、开善门，就不应该计较回报，也不应该在做了好事以后希望得到别人的感谢、感恩，只要能奉献一己之力，就应该感到愉快。

所以，如果想帮助别人，能做到的事就应该尽量去做，他人的批评、毁谤、过分要求，都不需要放在心上。因为不管别人怎么想，怎么说，那都是他人的事，与己无关；如果自己不该挨骂而挨骂了，那也不需要生气、灰心，该帮忙仍去帮忙就可以了。

成拙禅师在圆觉寺弘法时，前来听他授课的信徒每天都将大殿挤得水泄不通，于是，成拙禅师决定建一所新的讲堂。信徒们知道后，纷纷解囊布施。

其中，有一位信徒送了 50 两黄金给禅师，让他用来修建新的讲堂。成拙禅师淡淡的将这些黄金收下了，就去忙别的事情了。这位信徒对禅师的态度非常不满——要知道，这50两黄金可不是一个小数目啊！他捐出这么大的一笔巨款，成拙禅师竟然连一个“谢”字都没有给他。于是，那位信徒紧跟在禅师身后，提醒道：“师父啊！我那个袋子里面装的可是50两黄金呢！”

成拙禅师答道：“你已经说过了，我知道了。”

面对禅师的漫不经心，信徒这又一次提高了嗓门，喊道：“喂！师父，我捐的是50两黄金，可不是个小数目啊，你难道连一个‘谢’字都不肯讲吗？”

成拙禅师停下脚步，转身对那位“执着”的信徒说：“你捐钱给佛祖，为什么要我给你说‘谢谢’呢？你决定布施，那是你的功德，如果你要将功德当成一种买卖，那我就替佛祖‘谢谢’你，请你把这声‘谢谢’带回去吧。从此，你与佛祖‘银货两讫’了！”

故事中的信徒坚持认为自己付出了就应该得到感谢，把自己放在一个高高在上的位置，得不到感谢就心不甘。然而，是否真正要布施，布施财物的多少，那都是自己的事儿，原本是心甘情愿的布施，为自己积功德的事情，又何必执着于他人的一声‘谢谢’呢！所以人只要付出了，就不要执着于图回报。如果太过在意别人怎么回报，只会平白的给自己增添烦恼。

很多时候，世上的很多事往往都不是有付出就有回报的，就像帮助别人不一定会得到感谢，但是我们做了就是善心与美德的积累。

一位禅师在院子里种了很多花，院子都成了花园，香味一直传到了山下的村子里。凡是来寺院的人都忍不住赞叹道："好美的花儿呀！"

一天，有人开口，向禅师要几株花种在自家院子里，禅师答应了，他亲自动手挑选开得最鲜艳、枝叶最粗的几株，挖出根须送到了别人的家里。消息很快传开了，前来要花的人接连不断。没过几日，院里的花就被送得一干二净。没有了花，院子里顿时黯然失色。

弟子们看到满院的"凄凉"，说道："真可惜！这里本应是满院香味的，现在一株也没有了。"

禅师笑着对弟子们说："你们想想，三年后一村子的花香！""一村花香！"弟子们不由心头一热，眼前浮现出一村美好的景象。

禅师说："我们应该把美好的事与别人一起分享，让每一个人都能感受到这种幸福，即使自己一无所有了，心里也是幸福的！因为这时候我们才是真正拥有了幸福。"

虽然我们可能因为帮助别人会损失一些心爱的东西或时间，但当你在惋惜自己美好的东西因为被分享而失去时，你更要明白你终将因分享而得到更美好的东西，那样你才体会到与别人分享是一件多么幸福的事，比自己占有幸福都快乐！所以，当我们懂得以一颗真诚的心为他人奉献和付出时，不管接受者从中得到多少益处，我们真诚助人的心意都不是多余的，因为付出本身在自己和他人之间已经架起了一座桥梁。

而人们之所以有时候会因为付出而没有回报不甘心，是因为人们一心只想着回报和索取，没有搭建分享这座桥梁，反而"筑墙"将自己围起来了，所以与其担心他人不知道感恩，还不如忘记自己曾经施与别人的恩惠，要知道，付出自己的爱心绝对要比索取更有意义。

有一位女士，家境非常富裕，不论其财富、地位、能力、权力及漂亮的外表，都没有人能比得上她。但她却郁郁寡欢，连个谈心的人也没有。于是她就去请教无德禅师，如何才能赢得别人的喜爱。

无德禅师告诉她道："你要随时随地和各种人交流，并具有广阔的慈悲胸怀，多讲些感恩的话，多做些助人的事，多向他人贡献些爱心，慢慢地，你就能成为有魅力的人。"

女士听后，问道："感恩的话怎么讲呢？"

无德禅师道："感恩的话，就是说真心的话，说谦虚的话，说利人的话。"

女士再问道："助人的事怎么做呢？"

无德禅师道："助人的事就是做慈善的事、服务的事、合乎礼法的事。"

女士更进一步问道："爱心是什么心呢？"

无德禅师道："爱心就是付出不求回报的心，圣凡平等的心，包容一切的心，普济众生的心。"

女士听后，回家后一改以前的傲慢自大，在人前不再夸耀自己的财富，不再自恃自己的美丽，对人谦恭有礼，主动体恤关怀那些需要帮助的人，不久自己也真的很快乐了！

如果我们真的从心底里在为别人付出而不求回报，如果我们真的像故事中禅师所说的那样讲话，做事，用爱心善待他人，如果我们付出不一定非要讲究物质上的给予，有时仅仅只要付出一片真诚的心，那也就够了。

在佛典中，有一个故事叫“阿那律穿针”。

阿那律是一位精进的修道者。

他专心诵读经文，时常通宵不睡觉。因为过度疲劳，所以眼睛瞎了。他虽然伤心，却不颓丧，反而更勤奋学习。

有一天，他的衣服破了一个洞，便自己动手缝补。后来线脱了，他又看不见，十分狼狈。

佛陀知道阿那律的困难，便来到他的房中，替他取线穿针。

“是谁替我穿针呢？”阿那律问。

“是佛陀为你穿针。”佛陀一面回答，一面为他缝补破洞。

阿那律感动得流下泪来。

“同情别人，帮助别人，是我们应有的责任。”佛陀说。

佛陀以身作则，给大家做了一个好榜样，弟子们知道了，都十分感动，都互相勉励，互相帮助，争先为他人服务。

牺牲是一种付出和奉献。如果人人都甘愿奉献，不吝啬于付出自己的一点爱，人间怎么可能还有恩怨和争端？所以，只要革除小我的私心，舍去多余的妄想，以无私无我的精神付出自己的爱心，任何人都可以成为圣贤的。

想想看我们现在有什么东西可以奉献给别人？“我有能力为他人服务吗”？“我有智慧可以贡献给大家吗？”人有能力固然很好；假如说没有能力，也没有智慧，怎么办呢？一样可以奉献的。比如，当你

看到别人成功了，说一句赞美的话，或者给他人一个笑容，点点头，……这些都可以说是奉献，也可说是人间最宝贵最宝贵的真情。

一位哲人说：“假如我们希望获得幸福，那么，让我们不再介意他人是否为我们的付出而感谢，只要衷心地给予他人你所拥有的。”感恩的心，如同玫瑰，需要人们的培养、灌溉、爱心和保护。

敞开心扉，让阳光进来

现代社会生活节奏加快，但人与人的交往却更加艰难。许多人都紧闭心门，认为“信任”已不可靠。

但人即使拥有再多的名利，也无法买来快乐、幸福。因为，快乐、幸福是一种心境，也是一种体悟。总怀抱怨之心，心中处处是阴云密布，烦恼丛生，呼吸都不顺畅。只有敞开心扉，以信任之心来感受生活之美，才会快乐不已。

一天，无德禅师正在禅院里锄草，这时，迎面走来了三位信徒，并向他施礼，说道：“人们都说佛教能够解除人生的痛苦，但我们信佛多年，却并不觉得快乐，这到底是怎么回事呢?”

无德禅师放下了手中的锄头，安详地看着他们说：“想快乐并不难，首先要弄明白自己为什么活着。”

三位信徒你看着我，我看着你，竟然没有料到无德禅师会向他们提出问题。过了一会儿，甲说：“人总不能老想死吧！凑合活着。”乙说：“我现在拼命地劳动，为的就是自己老了的时候能够过上粮食满仓、子孙满堂的幸福生活。”丙说：“我可没有你俩的想法。我必须活着，否则我的一家老小靠谁来养活呢?”

听完三个人不同的回答之后，无德禅师笑了，对他们说道："怪不得你们都活得不开心，你们想到的只是死、年老、被迫劳动，而不是一种催人奋进的理想、信念与责任。没有理想、信念和责任的生活当然是很疲劳、很累的了。"

信徒们不以为然地说："理想、信念与责任，说说倒是很容易，但是总不能当饭吃吧！"

无德禅师说："那你们说有了什么才能使自己快乐呢？"

甲说："有了名誉，就有了一切，就能快乐了。"乙说："有了爱情，就有快乐。"丙说："有了金钱，就能快乐。"

无德禅师摇摇头。

三人紧张地看着无德禅师，说："您说不是这些，是什么呢？"无德禅师轻轻说道："爱护生命，让生命活得有意义。"

生命其实只是一个过程，如何活着则是一种态度。有人说："人的生命，只在一个呼吸间！"可见生命之宝贵，所以，我们应该善待自己，思索活着的意义，而不是整天为名为利所束缚。

敞开心扉，快乐、幸福就在心中。

人的一生，生活未必能多姿多彩，但要力求过得有滋有味；世事未必能尽如人意，但人要懂得享受美丽的瞬间！而这一切，信任非常重要。人与人之间不是"防着"的关系，而是有底线、有原则的信任的关系。

让快乐成为一种习惯

每个人的生活本来都应该是轻松愉快的、潇洒自在的，但是仔细地想一下，却会让我们吃惊：因为大多数人没有这种生活感受；比如，有人不是觉得生活没劲，就是觉得生活很累。每个人的“四季”里，不是五颜六色，而是灰色占主导地位。

一颗快乐的心，是人类心田中最真、最善、最美的种子，它发芽之后，会开出爱心的花朵，结出智慧的果实。

有一次云门大师对他的弟子们说：“十五日以前不问汝，十五日以后道将一句来。(以前的事我不问，只问一句以后你们会怎么生活呢?)”大家听后都像瓷人似的紧闭着嘴巴，一声不吭。云门大师就自行代答道：“日日是好日”。

“日日是好日”；即每天怀着一颗快乐的心去生活，这样才能更好地体会到生活的意义所在。但这句话说起来很容易，做起来却很难。只有修炼到“灾难到来时面不改色，死亡临头时欣然而受”的境界，才能谈得上进入了云门大师所说的“日日是好日”的境界。不过，即使达不到云门大师所说的境界，我们依然可以向那种境界靠近，放下悲伤，并快乐每一天。

事实上，只要对生活充满热情，就能乐观地对待每一个挑战、每一次努力，再平淡的生活也能活出精彩。所以哲学家黑格尔说：“没有快乐与激情，世界上任何伟大的事业都不会成功。”

一个小和尚在庙里待烦了，总觉得心情烦闷、忧郁，高兴不起来，就去向师父诉说了烦恼。

师傅听后说：“快乐是在心里，不靠外面求来，求来的都不是快乐。内心湛然，则无往而不乐。”

是的，快乐是求不来的。人生在世，没有人能够逃脱不幸与不快乐。即使你长途跋涉，走遍天涯海角，同样逃脱不了生活中常有的猜疑、精神上的偶尔不满和生活中的一段时期的无趣。世界上不存在极乐天堂，我们所能做的只能是端正态度，认真地去面对生活中出现的不愉快，让快乐成为一种生活的习惯。

有个信徒请教大龙禅师：“快乐的东西一定会消失，世上有永恒不变的快乐吗?”

大龙禅师回答：“山花开似锦，涧水湛如蓝。”

这里的禅机是，“山花开似锦”是说山上开的花，美的像锦缎似的，但转眼也会凋谢，但仍不停地争先绽开。“涧水湛如蓝”是说溪流深处的水，映衬着蓝天的景色，溪面却静止不变。这句话描述的情景犹如一幅美妙的山水画，隐喻着世界本身就是美的，但不是永恒的。反衬人的生命，即说生命的意义在于过程，就像无论花开得如何灿烂，注定要凋落，但山花却不因为要凋谢而不蓬勃开放，清清的涧水不会因其流动而不映衬蓝天。这就是告诫我们不要去担心未来或是

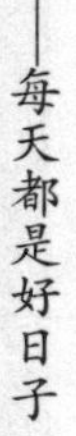

死亡，因为生命过程本身才是美丽的，纵然终将面对不完美的结果，我们也必须为了实现美丽的过程而努力，快快乐乐过好每一天。

心理学家认为世上有两种人，一种是活着活着就对一切“不起劲”的人，他们活着就是为了过日子，至于为什么要过日子，他们不去理解，不去追究。另一种人总是很快乐，他们不希望自己的生命在郁郁寡欢中被浪费。他们努力去创造快乐，让快乐充满自己的生活中。对此心理学家分析说，创造快乐是快乐的源泉。快乐的“火种”需要时刻去寻找、创造，人必须让快乐的火种常驻心间，这样无论狂风暴雨，都不能让“火种”熄灭。

人间的好时节都来自我们以怎样的心面对当下的生活。宽待生活，恶澜可成清流，狂飙自成和风；苛责生活，晴空满是阴霾，四顾尽成危道。我们只有越来越珍惜每一天的生活，用心地来爱这个世界、来爱这个世界上的人和物，才能够在平常的日子中找到快乐生活的意义。

野外有一株从春到秋不断开花的小树，可是有多少人真正注视到它呢？但这棵树并不寂寞，也不去理会他人是否关注自己，它开着自己美丽的花，一直走到自己自然周期的尽头，任叶落枯荣，待来年再吐艳，它就这样默默地感受着自然界的风霜雪雨。

生活中并不是缺少美，而是缺少发现美的眼睛。如果人人拥有一双善于发现的眼睛，就会从平平淡淡的生活里，发现很多很多的关于生命本身存在的美丽，那么人间天天都是好时节！

所以为了获得真正的快乐，我们千万不要为自己的快乐附加太多的条件。别说："只要我赚到一万元，我就开心了。"别说："我只要搭上飞往巴黎、罗马、维也纳的飞机，就快乐了。"别说："我到60岁退休的时候，只要躺在躺椅上晒晒太阳，就快乐了"……

其实，不论你是百万富豪还是穷光蛋，每一天都可以衷心喜悦地享受生活。患得患失的百万富豪可能会对自己说："有人会偷走我的钱，然后就没有人理睬我了。"意志坚强的穷光蛋却会对自己说："债主在街上追我的时候，我正好可以运动一下。"

快乐的情趣应从微小事物中去寻求：美味的食物、真诚的友谊、温煦的阳光、欢愉的微笑都能带给人们快乐，只要你心态好，每一天都可以找到快乐，难道不是这样吗？

打开心灵的另一扇窗

两个人坐在一个小城镇边的道路上下棋。一个陌生人骑马来到他们的身边，把马停下来，向他们问道："请问这是什么镇？住在这里的居民属于什么类型？我正想是否搬到这里来居住。"

那下棋者之一抬头望了一下这位陌生人，反问道："你刚离开的那个小镇上住的人，是属于哪一类的人呢？"

陌生人回答道："住的都是些不三不四的人。我住在那儿感到很不愉快，因此打算搬到这儿来居住。"

下棋者之一说道："恐怕你会感到失望了，因为这个镇上的人跟他们完全一样。"

过了不久，又有一位陌生人向两位下棋者打听同样的情况，下棋者之一又反问他同样的问题。

那位陌生人答道："啊！住在那儿的人都十分友好，我的家人在那儿度过了一段美好的时光，但我正在寻找一个比我以前居住的地方更有发展机会的城镇，因此我们准备搬出来了，尽管我们还很留恋以前那个地方。"

下棋者之一说道："你很幸运。住在这里的人都是跟你原地方差不多的人，相信你会喜欢他们，他们也会喜欢你的。”

请记住：只要你怀着欣赏的眼光对待身边中的一切，总能发现美好的东西。生活中也是这样的道理，如果你用挑剔的眼光去看世界，那么你看到的全是缺点和短处，如果你怀着欣赏的眼光去看世界，那么你看到的就是长处，就是美。

其实我们从降临世间拥有了生命开始，就享受着阳光的温暖、雨露的滋润、日月的精华；享受着人间的爱情、亲情、友情；享受着天伦之乐的幸福生活，我们应该感谢生命，因为它给了我们一场人生旅行，给了我们观赏到人世间旅途中的美丽风景的机会。

有这样一个故事：

从前在一座寺庙里有一间阁楼，由于窗户一直密闭着，而且多年来一直未曾修葺过，所以厚厚的窗帘和满是灰尘的窗子遮挡了阳光，整个屋子非常阴暗。

一天，两个刚来的小和尚在寺庙里看见外面灿烂的阳光，就觉得应该让阳光照照屋子，给屋子一点光明。

于是，两个小和尚商量道：“我们一起把外面的阳光扫一点进来吧。”

说干就干，他们拿着扫把，很用心的将映在屋外地上的阳光扫进桶里，随即又小心翼翼地抬进阁楼。但是，只要一进阁楼门口的黑暗处，阳光就没了。不过这两个小和尚并没有放弃，不停地扫。可是经过多次反复，仍然是徒劳无功。屋子里还是没有阳光。让他们困惑不已的是即使怎么样努力，他们都无法将阳光运到屋子里。

这时，方丈正好路过，看见他们的举动，很是好奇地问道：“你们这是在做什么?”

“师父，那间阁楼太阴暗了，我们想要把外面的阳光扫点进去啊。”他们回答道。

方丈听了笑着说道：“你们的努力值得嘉奖，但是经过这件事，你们要学会动脑筋。其实，只要把窗户打开，阳光自然会进来，何必去扫呢？况且阳光也是扫不进来的啊?”

是的，窗户打开，阳光就会进来。人的心灵也需要窗户，敞开了心扉，整个人都会变得豁然开朗起来。

一位满脸愁容的生意人来到一位智者的面前。

“我急需您的帮助。虽然我很富有，但人人都对我不理不睬。我感觉生活真的像一场充满尔虞我诈的厮杀。”

“那你就停止厮杀好了。”智者回答他。

生意人对这样的告诫感到没有力度，他失望离开了智者。

在接下来的几个月里，他的情绪变得糟糕透了，他与身边的每一个人争吵斗殴，由此结下了不少冤家。一年以后，他变得心力交瘁，再也无力与人一争长短了。

一天，他又来到了智者的面前：“唉，现在我累了，真不想跟人家斗了。但是，生活还是如此沉重——它真是一份沉重的担子啊。”

“那你就把担子卸掉呗。”智者回答。

生意人对这样的回答很气愤，又怒气冲冲地走了。

在接下来的一年当中，他的生意遭遇了挫折，并最终丧失了所有的家当。妻子带着孩子离他而去，他变得一贫如洗，孤立无援，于是他再一次向智者讨教。

“我现在已经两手空空，一无所有，生活里只剩下了悲伤。”

“那就不要悲伤了。”生意人似乎已经预料到会有这样的回答，这一次他既没有失望也没有生气，而是选择待在智者居住地旁边一处房间内。

有一天，他突然悲从中来，伤心地号啕大哭起来。几天，几个星期，乃至几个月地流泪。最后，他的眼泪哭干了。他抬起头，早晨和煦的阳光正普照着大地。于是，他又来到了智者那里。

“请你告诉我，生活到底是什么呢?”

智者抬头看了看天，微笑着回答道：“一觉醒来又是新的一天，你没看见那每天都照常升起的太阳吗?”

是的，每天的太阳都是新的。所以，无论遇到怎样的境地，无论内心有多不满，我们都不要紧闭心灵，而卸掉生活的重担，看开一切，换个角度，崭新的美好仍在等待你。

虽然一个人从孩童到年老，人生经历多个阶段，会有遗憾和不尽如人意的地方，比如，学生时代，常常有人感叹于自己志向高远，却没有能够就读于满意的学校；创业的时期，往往有人感叹自己有很好的兴趣专长却不能找到和自己梦想统一的工作和事业；还有的年轻人找对象却总是哀叹很难遇上自己心目中的“白马王子”或“白雪公主”；而对于“围城”中的男女，更是要在承担各种家庭责任和义务的同时，还要承受对方的坏脾气或不良习气，更有甚者还会遇上配偶

的不忠诚或背叛；当然每个人还会“撞上”生老病死，世事无常、前途渺茫的窘境，甚至有些人到了七老八十子女却不在身边照顾……

遇到上述情况，是抱怨？是沉沦？还是选择宽容与接纳呢？其实，抱怨、受打击、沉沦、沮丧，在很多时候都是无济于事的，唯有从心底里从容地接纳生活中的所有一切，让自己快快乐乐地生活，才不辜负人生。人应该把生命中的历程看作是人生的阶段而不是全部，是历史而不是未来，人努力的目的不是为了改写历史，而是为了创造更美好的生活。

拜伦说：“不要迷失了你的眼睛，珍惜你现在所拥有的生活是最重要的。”生活的确如此，很多时候，当命运捉弄了你时，或者某一天你的生活变得一无所有时，或者失去了自己的亲人和朋友时，我们不应该绝望，更不要轻言放弃。毕竟，我们的心灵还敞亮，那才是我们拥有最大的幸福。

不要看你失去什么，而要看你拥有什么

人们常说：“舍”便是“得”，故谓之“舍得”。大舍大得，小舍小得，不舍不得。

人的一生就是不断得到与不断失去的过程。所以，懂得取舍才是智慧的表现，而会舍、敢舍则是懂得取舍的又一次升华。

在一座山上，长着一朵小花，在这朵小花的旁边有一棵很高大的松树。小花认为自己是幸运儿，因为身边时刻都有松树为它遮风挡雨，它几乎将松树视为自己生命的保护伞。可是，有一天，山上来了一群伐木工，将松树砍到了。

从此，这朵小花失去了自己生命的保护伞，它便开始为自己以后的生命担忧起来，它整天抱怨：“上帝啊！那些凶狠的人们把我的保护伞夺走了，我肯定会被嚣张的狂风暴雨折磨死的，会被倾盆的大雨砸掉我的花瓣，如此下去，我真没有安宁的日子了！”

“哦，朋友，你今后的日子会越来越好的。”在不远处的小草对小花说：“只要你换个角度想想，你就会发现失去了大树的遮风挡雨其实是件好事，你看，阳光直接照射到你了，雨水也会滋润着你，这样的话，你就会更加茁壮，你的花瓣会在阳光下照耀，你的花也开的会

更加灿烂。当人们看到你的时候，会因为你的美丽而称赞你，难道这样的日子你不想要吗？”

小花听了小草对自己的点拨，豁然开朗起来，不见了往日的忧愁，挺胸抬头，自然怡得地承受着大地所给的一切，花开得更艳丽了，身体也长得更壮实了。

生活中，我们确实可能会突然失去一些东西，一般来说，我们总是会把“舍”看作是一种失去、利益受损，而把“得”视为一种收获。殊不知，舍与得这二者之间的关系并不是绝对的，很多时候，舍的同时孕育着得，得的同时也孕育着舍。因此，我们有必要重新正确的去理解“舍”与“得”所蕴含的深奥智慧。

任何失去表面上看是没有，但其实不是绝对的，失去了月亮，我们可能会发现不远处的天边还有灿烂的星星；失去了阳光，我们可能发现雨露也是那么的美好。我们会因为失去而得到锻炼，获得重新体验生活的意义，收获不一样的人生感受。所以，不要去算失去的，点点自己拥有什么吧。

人生中“得”并不是唯一追求的最终极目标。当你得到的时候，不妨学着去放弃一些东西，才是人生的最高境界。比如，功名、利益等。

著名电视节目主持人吴小莉曾经在谈及自己中考时，说到一次让她刻骨铭心的挫折。当时她的成绩非常优异，很有把握考上当地人都很向往的名牌学校。可是在揭榜的那天，榜上没有她的名字！这个打击对当时的她来说无疑是巨大的。那一刻，她只觉得自己浑身没有劲儿，所有的血液都凝固了。在一旁陪伴的母亲什么也没有说，只是默默地陪她回了家。回到家后，她整天都默默地坐在地板上看书。炎炎夏日，母亲非常担忧地看着她，安慰她说，要是不愿意进一所普通高中学习的话，还可以再复读一年重考，小莉沉默不语。直到黄昏，母亲叫她吃饭时，她才从地上站起来坚决地告诉妈妈她去念书，与其浪费一年的光阴，还不如去念普通高中。

令她自己都没有想到的是，在普通高中念书的吴小莉竟如鱼得水，那里的宽松环境一方面给予了她学习专业知识的机会，另一方面也有了使她在课外活动中施展才华的舞台。因此，在这里她各方面的能力得到了很好的锻炼和发展。相反考入名牌高中的姐姐却迫于学习的压力，早早地戴上了厚厚的眼镜。每当她看到自己姐姐辛苦的样子，她便暗自庆幸自己选择的正确。后来，在普通高中念书的吴小莉竟以优异的成绩考上了著名的台湾辅仁大学大众传播学校，现在成为我们无人不知的著名主持人。

吴小莉失去了上名牌高中的机会，但却拥有了更加宽松的发展特长的环境，这种得失的辩证关系不言而喻。正如俗话说的一样，“失之桑榆，收之东隅”，人生有高潮也会有低谷，生活有苦累也会有快乐，这都是我们每个人必须经历的过程，只有在这个过程中得到很好的锻炼后，才会任由风雨洗刷坚强成长。

一位著名的学者在针对无数杰出人士的成功案例做了大量研究及探索之后，得出了以下的结论：伟大的机遇在生活中无处不在，而成功的秘诀有一条就是人要善于把失转化为得。也就是学会发现机遇、创造机遇、抓住机遇、运用机遇，从而掌握命运。这位学者还主张："要把每一时刻都当作重大的时刻，因为不知何时命运就会来考验你的品质，把你置于一个更重要的地方去。

也许生活会走入穷途末路、别无他法的境遇，但此时一定要听听心灵深处的声音，因为人生并没有真正的绝境，不要看你失去什么，而要看看你拥有什么，这样你会看到天边永远会有一道美丽的彩虹。